流動化処理土
利用技術マニュアル《平成19年/第2版》

独立行政法人 土木研究所／株式会社 流動化処理工法総合監理 編

技報堂出版

発刊によせて

　発生土のリサイクルは「再生資源の利用の促進に関する法律」（平成3年4月）および建設省令が制定され，本格的な取組みが始まりました．当時，発生土の有効利用を図っていくことを目的に建設省総合技術開発プロジェクト「建設副産物の発生抑制・再生利用技術の開発」（平成4～8年度）が立ち上げられ，その成果の一つとして，土木研究所と(社)日本建設業経営協会により「流動化処理土の利用技術に関する共同研究報告書」（土木研究所共同研究報告書第172号）がとりまとめられ，平成9年に「流動化処理土利用技術マニュアル（初版）」として発刊されました．

　以後，「リサイクルプラン21」（平成6年4月），「建設リサイクル推進計画97」（平成9年10月），「建設リサイクル推進計画2002」（平成14年5月）などのもとで，工事間利用や技術開発など様々な努力が続けられてきました．しかしながら平成17年度の建設副産物実態調査によりますと，公共工事からの土砂搬出量が搬入量の約2倍にも達しているうえ，利用される土砂のうち工事間利用が占める比率が62.9％にとどまるなど，発生土のリサイクルは依然厳しい状況におかれております．

　そこで，土木研究所ならびに日本建設業経営協会では，このたび今般の社会動向や技術の進展をふまえまして，第2版への改訂を行い市販本化することとしました．

　本マニュアルが，広く関係各位に活用され，建設発生土の再生利用の促進に寄与することを期待しております．

平成19年12月

独立行政法人土木研究所　理事長
坂本　忠彦

株式会社流動化処理工法総合監理
岩淵常太郎

共同研究担当者名簿 （平成 9 年出版）

三 木 博 史　　建設省土木研究所　材料施工部　土質研究室
森　　 範 行　　建設省土木研究所　材料施工部　土質研究室
持 丸 章 治　　建設省土木研究所　材料施工部　土質研究室

久 野 悟 郎　　(社)日本建設業経営協会　中央技術研究所
岩 淵 常太郎　　(社)日本建設業経営協会　中央技術研究所
神 保 千加子　　(社)日本建設業経営協会　中央技術研究所
斎 藤 克 之　　(社)日本建設業経営協会　中央技術研究所
市 原 道 三　　(社)日本建設業経営協会　中央技術研究所
三ツ井 達 也　　(社)日本建設業経営協会　中央技術研究所
池 畑 伸 一　　(社)日本建設業経営協会　中央技術研究所
沢 村 一 朗　　(社)日本建設業経営協会　中央技術研究所
本 橋 康 志　　(社)日本建設業経営協会　中央技術研究所
島 田 伊 浩　　(社)日本建設業経営協会　中央技術研究所
小 林 孝 行　　(社)日本建設業経営協会　中央技術研究所
若 松 雅 佳　　(社)日本建設業経営協会　中央技術研究所
竹 田 喜平衛　　(社)日本建設業経営協会　中央技術研究所
谷 口 利 久　　(社)日本建設業経営協会　中央技術研究所
高 橋 秀 夫　　(社)日本建設業経営協会　中央技術研究所
片 野 孝 治　　(社)日本建設業経営協会　中央技術研究所
保 立 尚 人　　(社)日本建設業経営協会　中央技術研究所
手 嶋 洋 輔　　(社)日本建設業経営協会　中央技術研究所
笠 野　　 稔　　(社)日本建設業経営協会　中央技術研究所
山 上　　 忠　　(社)日本建設業経営協会　中央技術研究所
田 寺 俊 治　　(社)日本建設業経営協会　中央技術研究所
柴 田 靖 平　　(社)日本建設業経営協会　中央技術研究所
多 久　　 昭　　(社)日本建設業経営協会　中央技術研究所
高 橋 正 昭　　(社)日本建設業経営協会　中央技術研究所
高 橋 信 隆　　(社)日本建設業経営協会　中央技術研究所
根 岸 仁一郎　　(社)日本建設業経営協会　中央技術研究所
那 須 一 仁　　(社)日本建設業経営協会　中央技術研究所
吉 原 正 博　　(社)日本建設業経営協会　中央技術研究所
高 橋 信 子　　(社)日本建設業経営協会　中央技術研究所

加々見 節 男	(社)日本建設業経営協会	中央技術研究所
隅 田 耕 二	(社)日本建設業経営協会	中央技術研究所
安 部　　浩	(社)日本建設業経営協会	中央技術研究所
勝 田　　力	(社)日本建設業経営協会	中央技術研究所
関 口 昌 男	(社)日本建設業経営協会	中央技術研究所
佐久間　　均	(社)日本建設業経営協会	中央技術研究所
立 川 博 啓	(社)日本建設業経営協会	中央技術研究所
荻 原 重 明	(社)日本建設業経営協会	中央技術研究所
前 川　　淳	(社)日本建設業経営協会	中央技術研究所
西 田 一 郎	(社)日本建設業経営協会	中央技術研究所

担当者名簿（平成19年出版）

小橋　秀俊　独立行政法人　土木研究所　材料地盤研究グループ　土質チーム
古本　一司　独立行政法人　土木研究所　材料地盤研究グループ　土質チーム
桝谷　有吾　独立行政法人　土木研究所　材料地盤研究グループ　土質チーム

久野　悟郎　流動化処理工法研究機構
岩淵　常太郎　流動化処理工法研究機構

和泉　彰彦　流動化処理工法研究機構
泉　　誠司郎　流動化処理工法研究機構
市原　道三　流動化処理工法研究機構
糸瀬　　茂　流動化処理工法研究機構
大野　雄司　流動化処理工法研究機構
加々見　節男　流動化処理工法研究機構
勝田　　力　流動化処理工法研究機構
小林　　学　流動化処理工法研究機構
酒本　純一　流動化処理工法研究機構
佐原　千加子　流動化処理工法研究機構
柴田　靖平　流動化処理工法研究機構
嶋田　　昭　流動化処理工法研究機構
助川　　禎　流動化処理工法研究機構
瀬野　健助　流動化処理工法研究機構
高木　　功　流動化処理工法研究機構
高橋　秀夫　流動化処理工法研究機構
武内　健司　流動化処理工法研究機構
中馬　忠司　流動化処理工法研究機構
富山　竹史　流動化処理工法研究機構
仁科　　憲　流動化処理工法研究機構
沼澤　秀幸　流動化処理工法研究機構
橋本　則之　流動化処理工法研究機構
原　　徳和　流動化処理工法研究機構
菱沼　一充　流動化処理工法研究機構
平田　昌宏　流動化処理工法研究機構
古川　政人　流動化処理工法研究機構

保立　尚人	流動化処理工法研究機構
三ツ井　達也	流動化処理工法研究機構
道前　大三	流動化処理工法研究機構
宮本　和敏	流動化処理工法研究機構
安田　知之	流動化処理工法研究機構
吉原　正博	流動化処理工法研究機構

目　　次

第1章　概　　説 ··· 1

　　1.1　流動化処理土の概要および特長　1
　　1.2　適 用 用 途　3
　　1.3　用語の説明　4
　　1.4　求められる品質　6
　　1.5　工法適用上の留意点　9
　　　　1.5.1　工法選定の考え方　9
　　　　1.5.2　発生土の利用における留意点　9

第2章　工学的性質 ··· 13

　　2.1　強 度 特 性　13
　　　　2.1.1　一軸圧縮強さと時間　13
　　　　2.1.2　一軸圧縮強さと現場貫入試験　15
　　　　2.1.3　一軸圧縮強さとCBR　16
　　　　2.1.4　地盤反力係数　18
　　　　2.1.5　圧縮強度／圧密降伏応力　19
　　　　2.1.6　引張り強度　20
　　　　2.1.7　弾性係数，ポアソン比　21
　　2.2　流 動 性　22
　　　　2.2.1　フロー値と充填性　22
　　　　2.2.2　フロー値と流動勾配　25
　　　　2.2.3　フロー値とポンプ圧送性　28
　　　　2.2.4　経過時間にともなうフロー値の低下　29
　　2.3　ブリーディングおよび材料分離　30
　　　　2.3.1　水と泥土粒子の分離　30
　　　　2.3.2　泥水と粗粒土の分離　33
　　2.4　透 水 性　34
　　2.5　体 積 収 縮　36
　　2.6　流動化処理土周辺地盤への影響　40
　　　　2.6.1　砂地盤への流動化処理土埋戻し工事にともなう周辺調査　40
　　　　2.6.2　共同溝埋戻しにともなう周辺地下水のpHの変化　41
　　　　2.6.3　テストピットにおけるpH測定　42
　　2.7　埋設管等に働く浮力　43
　　2.8　温 度 特 性　46

第3章　設　　計 ··· 49

　　3.1　設 計 手 順　49
　　3.2　工事条件の検討　49

vii

目　次

　　3.3　要求品質の設定　50
　　　　3.3.1　強度の設定　52
　　　　3.3.2　流動性の設定　53
　　　　3.3.3　ブリーディング率（材料分離抵抗性）　53
　　　　3.3.4　湿潤密度の設定　54
　　3.4　配合試験と配合決定　54
　　　　3.4.1　配合試験　54
　　　　3.4.2　配合の決定　56
　　3.5　強度に関する安全率の考え方　57

第4章　施　　工　59
　　4.1　施工の概要　59
　　　　4.1.1　施工の手順　59
　　　　4.1.2　施工計画　59
　　4.2　発生土の管理　64
　　　　4.2.1　ストックヤードでの受け入れ管理　64
　　　　4.2.2　発生土に混入する異物　65
　　　　4.2.3　発生土の土質の管理　65
　　4.3　製造方法　66
　　　　4.3.1　製造工程　66
　　　　4.3.2　製造プラントの形態　69
　　　　4.3.3　土量変化率　70
　　　　4.3.4　プラントの騒音・振動　70
　　4.4　運搬方法　72
　　4.5　打設方法　72
　　4.6　施工（品質）管理　75
　　　　4.6.1　品質管理　75
　　　　4.6.2　出来型管理　76
　　　　4.6.3　配合修正　77

第5章　適用事例　79

参考文献　118

付属資料　119

第1章 概　　説

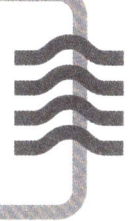

1.1 流動化処理土の概要および特長

　流動化処理土は，土砂に大量の水を含む泥水（もしくは通常の水）と固化材を加えて混練することにより流動化させた湿式土質安定処理土で，土工による締固めが難しい狭隘な空間などに，流し込み施工で隙間を充填し，固化後に発揮される強度と高い密度により品質を確保する土工材料である．

　流動化処理工法は，建設現場から発生する様々な種類の土（建設汚泥を含む）を主材料として使うことができ，埋戻し・裏込め・充填材として求められる品質に調合する配合設計手法や，現場で安定的に製造・管理し，運搬・打設する技術群により構成される．

　粘性土などの軟弱な土に地盤改良用の固化材をまんべんなく均一に混ぜようとすると，粘性土が団粒化してしまい均等に混ざらないことが経験的に知られている．流動化処理工法は，土砂に細粒分を含む泥水を添加して所要の品質を満たす粒度構成と含水比となる泥状土を製造し，この状態で固化材を添加し混練する工法で，これにより固化材を土粒子間に均等に分散させている．

　この泥水と発生土とを混ぜることで流動化処理土内に一定量の細粒分が確保でき，製造・施

写真-1.1 流動化処理土による狭小な空間の埋戻し

第1章　概　　説

工時の材料分離防止などの効果が発揮され品質の安定化が図られる．その結果，固化後の流動化処理土は均質な強度発現が得られるだけでなく，空気間隙が少なく，含水比や粒度分布のばらつきも抑制された安定した品質に改良される．

　建設発生土を再利用するため主材として使うこと，また埋戻し・裏込め材としての性能品質を満たすこと，この２つの要求を適えるため，泥状土中の細粒分含有量を調節する特異な配合設計法を導入した．したがって，主材が砂質土を多く含む土砂のときは，細粒分に水を加え泥水を作製して，これに主材を添加して所定の湿潤密度になるよう調整して泥状土を製造する．一方，発生土の細粒分含有率が高いときは，泥水の代わりに水をじかに添加して混練して泥状土を製造してもよいが，所定の湿潤密度を確保することに留意する．

　流動化処理土の製造方法には２つのタイプがある．①建設現場から発生する土砂や泥土を現場で再生利用する製造形態と，②一定の場所にストックヤードとプラントを恒常的に設けて土砂や泥土を受け入れて再生利用する製造形態である．前者は，現場で発生する土砂や泥土を使うことが決められていて，施工条件も現場の制約を受ける．現場の埋戻し工事が終了するとプラントも解体撤去される．一方，後者は，流動化処理土の品質を指定され，これを埋戻し現場に配送するもので，生コンプラントに類似する．主に都市の土木工事で活用されている．

　流動化処理土の主な特長は以下に示す．

【リサイクル】

　①あらゆる土質の発生土が利用可能である

　　　従来，土工に不適当と見なされていた高含水比の粘性土やシルトなどの細粒分，泥土（建設汚泥を含む）などを含め，礫や高有機質土を除く，あらゆる土質の発生土が原料として利用できる．

【施工性】

　②流動性をもち，締固めが不要である

　　　硬化前は高い流動性をもつので，狭い空間や形状の複雑な箇所でも容易に埋戻し充填が可能である．またポンプによる圧送・打設が可能で，締固めを必要としないため，施工の大幅な省力化が図れる．

【材料特性】

　③流動性・強度を任意に設定することができる

　　　固化材や泥水の配合量を調節することにより，用途に応じた流動性と強度（一軸圧縮強さ $q_u=100 \sim 10\,000$ kN/m^2 程度まで）に設定することができる．

　④透水性が低く粘着力が高いことから，地下水の侵食を受けない

　⑤粘着力が高いため，地震時に液状化しない

　⑥打設後の体積収縮や圧縮が小さい

　流動化処理土の利用技術の開発は，発生土の再生利用促進を目指している．そのためには発生土をできるだけ多く使った，密度の高い処理土を製造し用いることが望まれる．そこで配合設計においては施工上必要な流動性を確保しつつ，発生土の利用率をできるだけ高めるような配慮が必要である．図-1.1 に，これまでの実験や試験施工に用いた流動化処理土に含まれる水，セメント，土粒子の体積百分率を示す．最近の施工事例等では，間隙比 e が２以下の高密度な

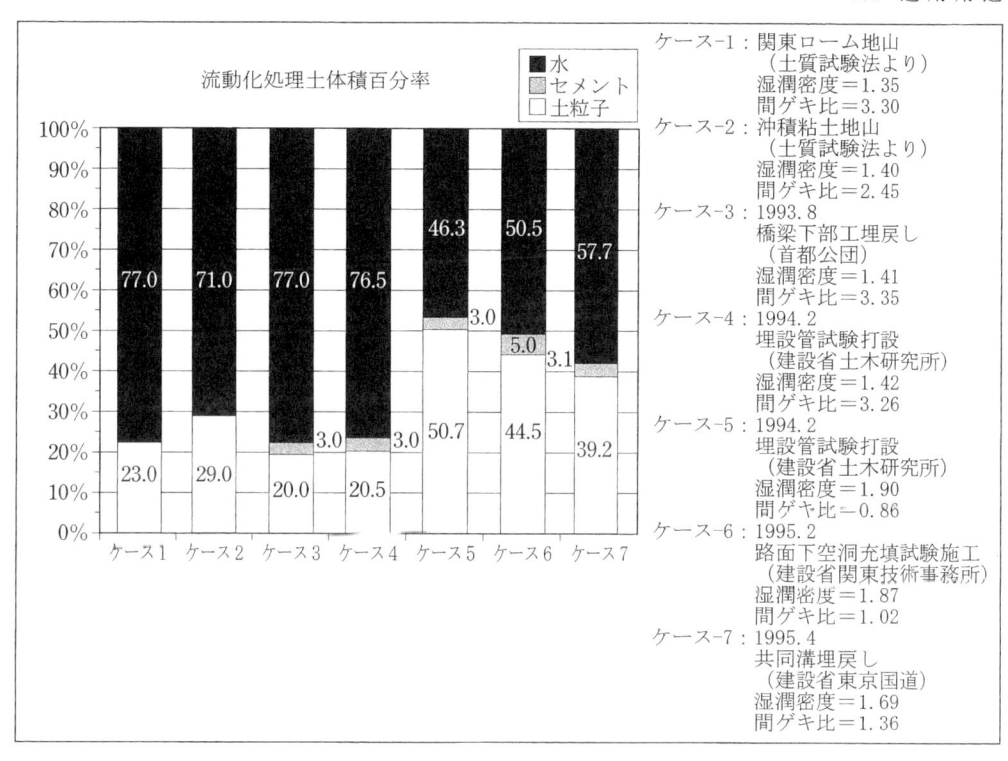

図-1.1 流動化処理土内に含まれる土粒子，セメント，水の体積百分率

流動処理土の適用も行われている．

1.2 適用用途

　流動化処理土は，流動性と自硬性を有していて締固めを必要としないことから，狭小な空間や締固めの困難な箇所などの埋戻し・裏込め・充填に用いると特に効果的である．流動化処理土の主な用途を図-1.2に示す．

第1章 概　　説

図-1.2　流動化処理土の主な適用用途

1.3　用語の説明

本書で用いる主な用語について以下に説明する．

○流動化処理土

　流動化処理土は，泥状土と所定の力学的特性に安定化させるための固化材とからなることを原則とする．

○泥状土

　泥状土とは，所要の湿潤密度と粘性に調合され材料分離抵抗性や流動性等の品質が確認された，固化材を加えて流動化処理土を製造する前の泥土の状態をいう．このため粘土やシルトの細粒分を十分に含む材料であることが求められる．主材となる土砂の細粒分と粗粒分の割合により泥状土は，3つの製造パターンがある．

　第一の製造パターンは，主材が細粒分を多く含む場合で，主材と水を配合設計による割合で添加しこれを解泥して製造する．主材の砂分が不足すると，流動化処理土の湿潤密度が要

求レベルに達しないことがある．

　第二の製造パターンは，主材の砂分が不足する場合で，所定の密度を確保するよう砂質土系の土を加える割合を配合設計して，これを細粒分を多く含む泥水に添加して混合し製造する．

　第三の製造パターンは，主材が粗粒分を多く含み粘性が不足する場合で，主材と水を加えた泥水に気泡やベントナイト・カオリンなどの人工粘土を混入して粗粒分の分離のない粘性に調整して製造する．

　粘性を簡易的に把握するためには「プレパックドコンクリートの注入モルタルの流動性試験方法（Ｐロート：JSCE-1986）」や，泥状土の粘性範囲に対する測定精度を高めた改良型Ｐロート試験器で流下時間を測定する方法，所要の粘性範囲を表記したフロー板を用いたエアモルタル及びエアミルクの試験方法（JHS A 313／シリンダ法）によりフロー値を測定する方法が提案されている．

○調整泥水と泥水混合比（率）

　砂質土系の土に細粒分を含む泥水を添加して混合して製造する泥状土において，細粒分を含む泥水の密度を配合試験に応じて調整した泥水を調整泥水とよぶ．泥状土の作製にあたり予め製造して貯蔵し，製造段階で砂質土系の土と混合する．

　配合設計では，調整泥水の配合（土と水の量）と主材の混合量を規定する．具体的には，両者の混合割合を以下に示す泥水混合比あるいは泥水混合率で指定する．

　　　　泥水混合比 $p =$（調整泥水の質量）／（主材の湿潤質量）
　　　　泥水混合率 $P =$（調整泥水の質量）／（主材の湿潤質量＋調整泥水の質量）

○主材（原料土）

　主材および原料土は，原料となる発生土（建設汚泥を含む）を指し，主材は流動化処理土の配合設計を行うときに適用し，原料土は流動化処理土をプラントで製造するときに適用する．

　主材は流動化処理土の原料土となる土砂であり，建設事業にともなって発生するほぼ総ての土が主材として適用できる．ただし土質安定処理をせず直接再利用できる良質土，例えば第1・2種建設発生土は，従来どおりの再利用の方法がコスト面で有利になることが多い．一方，従来，不良土として扱われていた細粒分を多く含み含水比が40～80％の粘土・シルトや泥土（第4種建設発生土および泥土），土取り場から採取した細粒分や有害物質を含まない浄水場の汚泥，河川，湖沼等の底質土は，その処理・処分にコストが発生する．これらを流動化処理土の主材として用いると，処分費が不要となり結果として建設コストが抑制される．

　良質土と低品質土が発生するときは，発生土全体の使用量を多くするため，良質な土をより多く，例えば第4種より粗粒分の多い第3種を優先的に使うほうが，発生土の再利用率が多くなりリサイクル効果があがる．ただし，礫や砂を含む良質の発生土を使うには十分な細粒分を確保する必要がある．細粒分が不足するとブリーディングが起こり固化強度が安定しない．礫の粒径については最大40 mm程度のものまで主材として利用できる．

　また，主材は土壌汚染対策法などで指定された有害物質を含まないこと，建設汚泥を使

第1章　概　　説

場合は廃棄物処理法に従う必要がある．

　埋戻しなどに利用された後に再掘削された流動化処理土は，建設発生土として扱うことができる．これらを再度，流動化処理土の主材として利用することもできる．ただし，再掘削された処理土の強度が $q_u=600\,\mathrm{kN/m^2}$ 程度であればそのまま利用できるが，それ以上では粉砕する必要がある．

　建設泥土・汚泥を主材として使うときは，泥状土のpHを確認する．pHが高いものは固化材混入後の凝結などが懸念される．

○固化材と固化材添加量

　固化材としては，普通ポルトランドセメント，高炉セメント，フライアッシュセメント，石灰などのほか，土質安定処理等に用いられるセメント系固化材，石灰系固化材などを，強度，耐久性，環境への影響を考慮して選ぶ．

　配合設計により決まる固化材の量を，固化材添加量とよぶ．固化材添加量は，泥状土の単位体積 $1\,\mathrm{m^3}$ 当りに対して製造時に添加する固化材の添加量として表す．

　なお，セメントを主とする固化材を用いる場合は，処理土の六価クロム溶出量が環境基準以下となる種類のものを選定することに留意する．

○混和剤

　混和剤は，流動性や固化時間等の調整のために添加するものである．流動化処理土は時間の経過とともに固化材の硬化が進むので，プラントから出荷され打設現場へ運搬する間に流動性が低下する．特に気温が高い夏期や1時間以上の運搬をともなうときは流動性の低下が大きくなるので，流動性を一定に保つ保持剤や固化の進んだ流動化処理土の流動性を回復する分散剤が用いられる．

　一方，供用中の道路下にある埋設管の埋戻しのように埋戻し後の復旧が急がれるときは，固化速度を増進させる速硬性混和剤が用いられる．また流動化処理土の透水係数を小さくするための混和剤，水中打設の場合に材料分離を抑制する増粘剤など，いろいろな要求性能を適えるべく各種混和剤が開発されている．

1.4　求められる品質

　流動化処理土は，発生土（建設発生土および建設汚泥）を主材として使う．このときリサイクルの観点から，発生土の種類を選別したり，土性がばらつくものの受け入れを拒むことは難しい．一方，流動化処理土は埋戻し・充填材として使われるのでその品質は安定したものであることが望ましい．ばらつきのある主材から安定した品質の埋戻し・充填・裏込め材を製造する技術が「流動化処理工法」で，埋戻し材の品質は以下の4つがあげられる．

　①一軸圧縮強さ
　②湿潤密度
　③ブリーディング率
　④フロー値

　これら品質の基準値は埋戻し・充填・裏込めなどの用途および対象構造物ごとに決められている（表-3.1参照）．この4つの品質を基準値の範囲に収めるための，発生土と水と固化材の

量を配合設計により求める．一般の固化処理土の配合設計が一軸圧縮強さだけを品質として規定しているのに比べ，湿潤密度など3つの品質が加わる点で，従来の土質安定処理方法と異った特徴となっている．

（1） 一軸圧縮強さと湿潤密度

流動化処理土は，締固めが困難な狭隘な空間に流し込み施工で埋戻しもしくは充填するのに使われる．その品質としては，周辺の構造物や地山との間にあって圧縮荷重やせん断荷重を受けたときに変形や破壊をしない強度が求められる．このとき打設された流動化処理土の強度発現にムラがあると，固化強度の強い部分に応力が集中する傾向があるので，処理土の強度発現は可能な限り均等でなければならない．

流動化処理土の強度は，固化材によるセメンテーションに起因するものと処理土に含まれる土粒子に起因するものがある．せん断荷重に対して両者は強度として同時に働くことはなく，処理土中のセメンテーションが破壊された後に土粒子による強度が発揮される．

土粒子による強度は，流動化処理土に含まれる砂分が多くなり，湿潤密度 ρ_t が $1.6\,\mathrm{g/cm^3}$ を越えるような範囲においてセメンテーションが破壊されたのちに砂のかみあわせに起因するせん断抵抗が発揮される．かみあわせの効果が発揮されたせん断挙動があると局部的なセメンテーションの微小破壊の発生後に応力が周辺に伝達されるので荷重を点で支えるのではなく，面で支えるメカニズムが期待される．しかし，流動化処理土の強度は基本的に固化強度が担うこと，および三軸圧縮試験を配合試験ごとに実施するのは難しいこと，から砂分の強度は直接規定するのではなく湿潤密度を規定してせん断強度を担保している（第2章参照）．

強度は一軸圧縮試験で求める．設計圧縮強さは一軸圧縮強さの約90%程度，せん断強さは一軸圧縮強さの1/2となる．

強度の一般的な基準値は表-3.1「用途別の要求品質（案）」に示されている．埋戻し充填材としては周辺の地山強度より大きな強度は必要ないため，地山強度を参考にして，また埋戻された処理土に加わる土被り圧による圧密沈下を考慮して決める．また埋戻し材として用いられると，再掘削して再利用することが必要になるため再掘削が容易な強度が上限値として決められることがある．一般に，一軸圧縮強さ $600\,\mathrm{kN/m^2}$ 以下または現場CBR値30%以下だと再掘削が可能となる．配合設計では，これらの目標値を満たす固化材量などを室内試験により求める．

（2） フ ロ ー 値

流動性の評価は，打設された流動化処理土の流動勾配の把握といった施工上の目的で必要となる．処理土の粘性が大きくなると流動勾配は高くなり，逆に粘性が小さくなると勾配は低くなる．施工上の優位さの観点からすると自ずと流動勾配が水平になり，流れが広がるセルフレベルの流動性が望ましい．しかし粘性が低いと水の配合が多くなり，密度が低く材料分離し易い処理土となる．そこでフロー値は，ブリーディング率を考慮して上限値を規定することがある．下限値については粘性が高くても，施工が許容されるギリギリの流動性を考慮して決める．フロー値が $140\,\mathrm{mm}$ を下回ったりすると，流動勾配が10%を超える可能性がある．このような場合は流し込み施工は困難で，ホッパーなどを使った直投打設で打設エネルギーを加えるなどの施工上の配慮で対応することが必要になる．ただし，過去の経験からフロー値が $110\,\mathrm{mm}$ を

第1章　概　　説

写真-1.2　フロー試験

下回ると，もはや施工の工夫では対応できないことが多い．

　流動化処理土の流動性は，一般に写真-1.2に示すようなフロー試験で評価する．フロー試験による流動性の評価は，処理土とフロー板の摩擦がフロー値に大きく影響するので，処理土本来の物理的な流動が正確に評価されているか否か，という点に留意する必要があるが，現場で打設する際の処理土の流動性とフロー値には経験的な予測が成り立ち，また何度でも簡単に繰り返し試験ができるため相対的な品質の変化を把握するのに役立つなど，実務的な利点があり流動化処理土の流動性の品質を規定するのに使われる．

　土木学会関連基準によるフロー試験は，相対的に粘性が高く粗粒土を多く含む処理土の流動性の評価に適用される．流動性の高い泥水の場合，Ｐロート試験は流下時間と泥水の粘性に相関関係が確認されていて，製造段階での品質管理に役立つと期待されている．

（3）　ブリーディング率

　流動化処理土の材料分離は，固化材と細粒分が団粒化して沈降しブリーディング水が分離して浮き上がる現象と，泥水中の砂が沈降して下部に溜まり細粒分が上部に残り分離する現象の2種類があり，ブリーディング率はこの両現象を抑制して，土粒子が深さ方向で均一に保たれるかどうか定量的に評価する目的で設定する．

　ブリーディング水が浮き上がると固化成分の一部が水に溶け出し，ブリーディング水が生じた部分の固化強度が不安定化する可能性がある．このような現象が起こると水和反応による固化促進に対して表面水の乾燥が先行するので，表層の流動化処理土の表面に亀甲上の亀裂が観察されることがある．このような場合，表層の流動化処理土の圧縮強度が損なわれる可能性は少ないが，亀裂が発生した部分については十分なせん断抵抗を発揮することができない可能性がある．

　なお，泥水中の粗粒土の沈降を抑制するのは，粒径に応じて高い粘性が必要となる．実験によると，ブリージン率1％未満で砂の沈降をおおむね抑止できる結果が得られている．このブリーディング水の発生を抑制するためには泥水の粘性を増やす必要があり，配合試験により泥水の水分量を少なくするか，細粒分量を多くして調整する．

1.5 工法適用上の留意点

1.5.1 工法選定の考え方

発生する土砂や泥土（建設汚泥を含む）を現場で再利用するときに，流動化処理工法を選定する考え方を以下に記す．

①直接再利用が可能な良質な発生土（第1種・第2種発生土など）の場合には，流動化処理土の原料土として用いるとコスト面から不利になる場合が多い．また，流動化処理土の製造にはストックヤードおよびプラントが必要となる．

②市街地の建設現場では，一般にストックヤードやプラント設置用地の確保が容易ではない場合が多い．ただし，ストックヤードおよびプラント設置用地が1箇所でも確保できれば，そこに発生土を集積し流動化処理土を製造した後，複数の現場に配送運搬することができる．流動化処理工法を選定する場合，これらの点を踏まえて工法を選定する必要がある．

流動化処理工法の選択が決まると，次に材料としての流動化処理土の品質仕様を決定する必要がある．このとき処理土に加わる土圧や荷重を考慮して強度などの品質を定める（3.3「適用用途別の要求品質」参照）．指定された品質を確保するために，発生土および泥土（建設汚泥を含む）について土質試験を行い，配合設計を実施する（第3章「配合設計法」参照）．配合が決まると製造を含む施工法を検討し実施工に移る．

発生土と泥土（建設汚泥を含む）はストックされた保管状態などにより頻繁に土性が変動する．この変動により指定された配合の適用性が失われることがある．したがって製造段階の品質管理が重要となり，安定した品質の流動化処理土を製造するために泥状土の適切な管理技術を採用する必要がある．

1.5.2 発生土の利用における留意点

流動化処理土では，第1種発生土から泥土（建設汚泥を含む）まで幅広い土質の発生土が利用可能であるが，発生土の利用にあたっては以下のような点に留意する必要がある（4.6.1「品質管理」参照）．

（1）木片・鉄線等の異物の混入

流動化処理土は解泥プラントから貯泥槽，混練プラント，アジテータ車へとパイプで圧送される場合が多い．そのため，処理土中に異物が混入するとパイプの閉塞を誘発することがある．プラントで発生するトラブルのうち最も多いのは，木片や鉄線などの細長い異物の混入によるものである．したがって，発生土に木片や鉄線などの異物の混入を極力避けるよう，十分に留意する必要がある．特に，表土やビルなどの解体現場からの発生土には，このような異物の混入が多く見られる．

写真-1.3は，関東ロームの掘削土から流動化処理土を製造した際に混入していた異物であり，木片，塩ビ管，木根，布片などが見える．

第 1 章　概　　説

写真-1.3　発生土に混入した異物

（2）　固化材を用いた地盤改良土の混入

　固化材を用いて地盤改良した箇所からの掘削土は，多くの場合団粒化しており，プラントのトラブルやパイプ閉塞の原因となることがある．特に，強度が $q_u=600\,\text{kN/m}^2$ 程度以上のものを用いる場合には，予め粒径を 40 mm 程度以下に破砕してから用いる必要がある．一方，$q_u=600\,\text{kN/m}^2$ 程度以下のあまり強度の高くないものについては，製造過程における混練機内での粉砕が可能で，そのまま使用しても支障はない．また，地盤改良で生じる泥水または改良土で，まだ未反応の固化材分が混入しているような場合には，その未反応の固化材分を考慮して配合を行わないと強度が極端に大きくなる場合があるので，注意が必要である．

（3）　ストックヤードでの発生土の管理

　ストックヤードは十分な面積を確保することが望ましい．1 日 100 m³ 以上の処理土を製造する場合は，プラントヤードも含めて最低 400 m² 程度の敷地が必要となる．流動化処理土は，土の種類ごとにその配合が異なるので，可能であればストックヤードに十分な面積を確保し，土の種類ごとに分けて保管するのが望ましい．しかし，市街地の場合などはストックヤードに必要な面積を確保することが困難であり，道路などに沿った細長い形状となることが多い．

　十分な面積のないストックヤードでは土を分別して保管することが困難で，異なった種類の土が連続的にストックされる．写真-1.4 は，細長いストックヤードに奥から順に発生土をストックした例である．このストックヤードの土を採取してその粒度を調べた結果を図-1.3 に示す．土を採取した間隔は約 20 m 程度であるにもかかわらず，粒度は大きく変化している．このような土質の違いは，処理プラントで配合を変更して目的にあった処理土を製造するが，作業効率と品質の安定性に影響する場合がある．したがって，製造時に速やかに土の変化に対応できるように留意する必要がある．

1.5 工法適用上の留意点

写真-1.4 細長いストックヤードの例

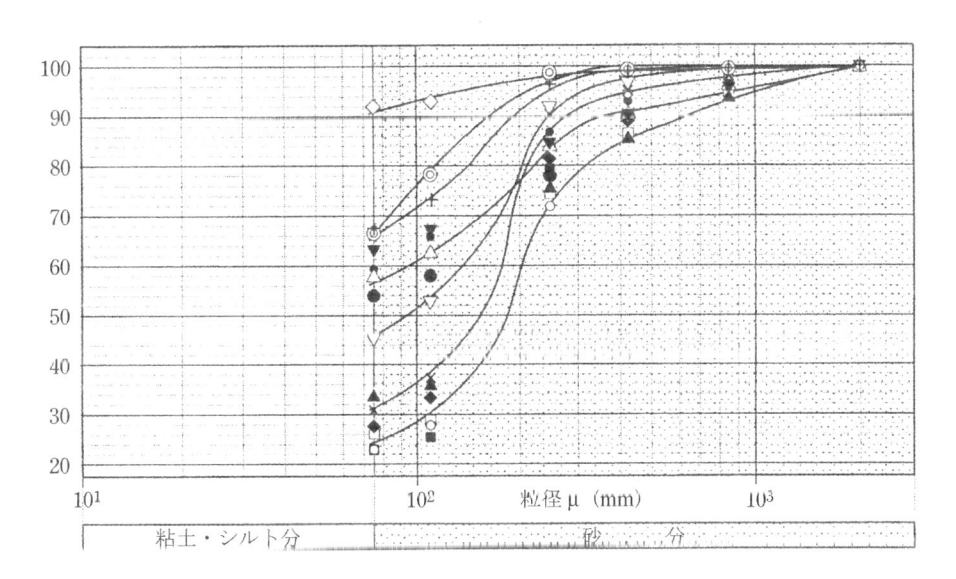

図-1.3 ストックヤードの土砂の粒度のばらつき

第2章 工学的性質

　土工材料としての流動化処理土に求められる品質は，固化した状態での強度・密度特性とまだ固まらない状態での品質確保や施工性に関わるものがある．強度特性は一軸圧縮強さで評価され，圧縮強度やせん断強度，CBRや地盤反力係数などと関連付けられている．一方，品質確保と施工性は材料分離抵抗性（ブリーディング率）や流動性（フロー値）などと関連づけられている．流動化処理土の設計にあたっては，こうした特性をふまえて行う必要があり，以下にその詳細を示す．

2.1 強度特性

　流動化処理土の一軸圧縮強さは，土の種類と泥水の密度と固化材の添加量により変化する．そこで配合試験を行い，土の種類ごとに一軸圧縮強さを求める．このとき一軸圧縮強さは材齢28日をもって基準値としている．この一軸圧縮強さから，流動化処理土のせん断強度と圧縮強度を知ることができる．ただし流動化処理土の一軸圧縮強さは主に固化強度を示していて，処理土に含まれる土粒子が発揮するダイレイタンシーなどの寄与は，一軸圧縮試験では十分に評価されないことに留意する必要がある．砂分含有量が多く湿潤密度が高まると，固化強度が破壊された後にじん性的なせん断挙動が現われ，固化強度を上回るせん断強度が発揮される．

　土構造物の一部として使われるときや大口径の埋設管の下部に打設されるときは，地盤反力係数が必要になる．複雑な地下構造物の埋戻しに使われるときは，構造物の挙動を解析するため弾性係数やポアソン比が必要になる．路面下の空洞充填や道路下での埋設管などの埋戻しに使われるときには，CBR値が求められる．また，流動化処理土が再掘削できるかを判断するときに，現場CBR値が使われることがある．以下にこれらの数値と流動化処理土の一軸圧縮強さの関係を，過去の室内試験や試験施工でのデータをもとに示す．

2.1.1　一軸圧縮強さと時間

　製造された流動化処理土は，固化材の水和反応とポゾラン反応により一軸圧縮強さが時間とともに増加するが，実務的には3種類の時間と強度との関係が重要になる．第一は，配合設計の一軸圧縮強さは基本的に材齢28日とするが，養生に費やす日数の制約から材齢7日の結果から材齢28日を推定することがあるため，両者の関係が必要になるケース，第二は，即日復旧を前提にした埋設管の埋戻しやリフトをともなう打設計画などにおいて，時間単位の強度発現の関係が必要になるケース，第三は，長期の耐久性を検討するときで数年後の固化強度の評価が必要になるケースである．そこで関連するデータをまとめ図-2.1，図-2.2に示す．

　長期材齢の一軸圧縮強さの傾向を図-2.3に示す．実験で用いた供試体の配合は表-2.1に示されている．図から，セメント系固化材（DおよびE）は主要な強度発現が28日程度で達成

第 2 章　工学的性質

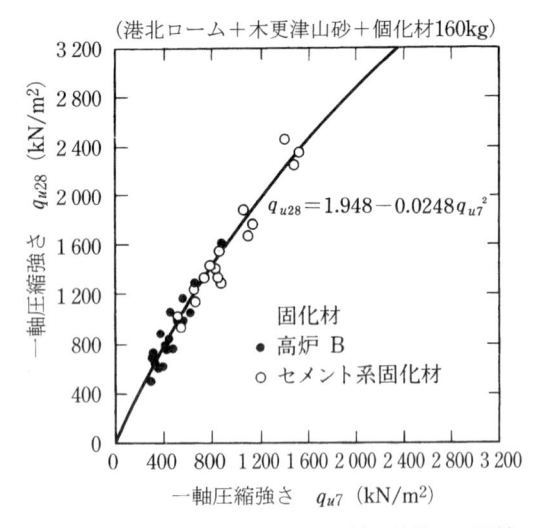

図-2.1　養生 7 日と養生 28 日の一軸圧縮強さの関係

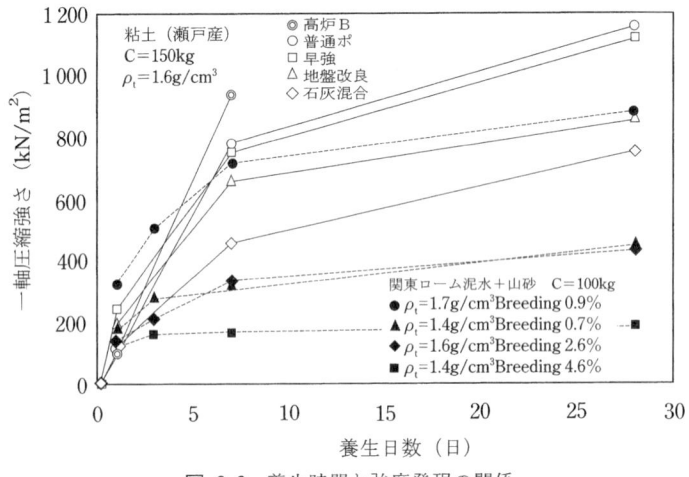

図-2.2　養生時間と強度発現の関係

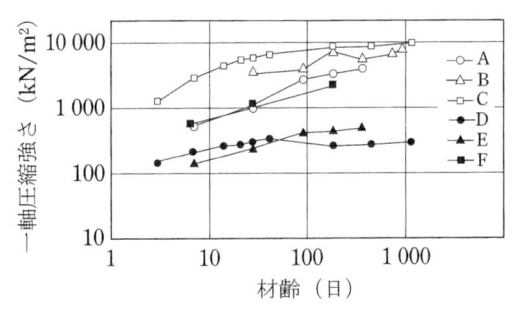

図-2.3　一軸圧縮強さにみる長期強度発現

表-2.1 強度発現実験の実験仕様

供試体	ρ_t (g/cm³)	q_u (kN/m²)	単位配合（kg） 泥水	砂	固化材
A	1.84	1 080	437	1 250	152
B	1.64	3 461	745	620	273
C	1.62	6 049	827	517	273
D	1.32	311	1 120	140	59
E	1.37	248	1 269	0	97
F	1.86	1 019	442	1 263	152

されていること，および強度が少なくとも3年程度は安定していること，この2つの特徴が読み取れる．高炉B種（A, B, C, F）は強度発現が材齢28日以降も持続し1 000日を過ぎても上昇傾向にあり，この実験では28日強度と比べ数10％上昇する傾向を示している．

2.1.2 一軸圧縮強さと現場貫入試験

打設された流動化処理土が一定時間後にどの程度の強度を発現しているかを確認するため，打設された地盤からコアを抜き一軸圧縮強さを確認する場合がある．一方，現場で貫入試験を行い，この値から一軸圧縮強さを推定することができれば現場の利便性に叶う．関連するデータを図-2.4，図-2.5に示す．

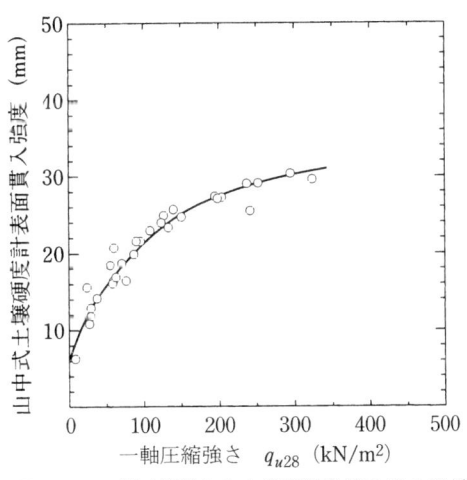

図-2.4 一軸圧縮強さと土壌硬度計貫入量の関係

第2章 工学的性質

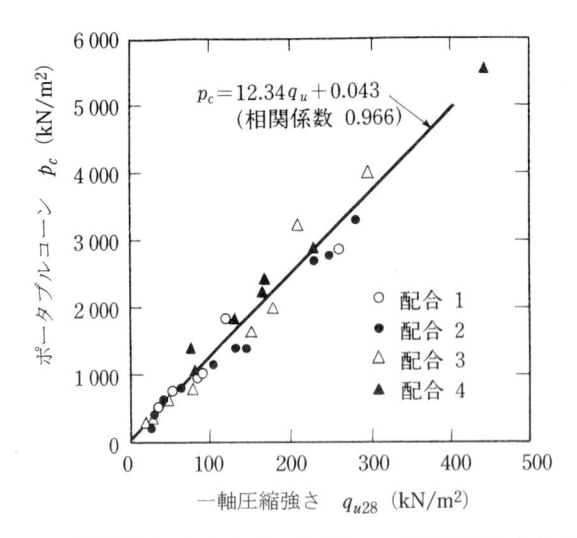

図-2.5 一軸圧縮強さ（q_u）とポータブルコーン貫入抵抗（p_c）の関係

2.1.3 一軸圧縮強さと CBR

　流動化処理土の室内 CBR 値は道路下の構造物の埋戻しに使われるとき，処理土が路床としての機能を求められるため参照されることがある．流動化処理土の室内 CBR 試験の結果の例を図-2.6 に示す．ここに提示する流動化処理土は，地盤材料の工学的分類によると SF（細粒分含有率 6～10 %），湿潤密度 1.87 g/cm³，乾燥密度 1.4 g/cm³，間隙比 1.0 の状態である．材齢 7 日の一軸圧縮強さは，平均 500 kN/m²，材齢 28 日は 1 000 kN/m² である．図に示すように材齢 7 日の室内 CBR 値は 20～30 % の範囲に，材齢 28 日は 40～70 % の範囲に納まる．後者の一軸圧縮強さとの関係は以下の式で表される．

$$\text{室内 } CBR\ (\%) = 0.062 \times \frac{q_{u28}}{q_u{}^*} \times 100 \qquad (2.1)$$

ここに，$q_u{}^*$ は無次元化のために設けた標準強度で 100 kN/m² とする．

　一般に，乾燥密度 1.4 g/cm³ 程度の土が発揮する CBR 値は 4～8 % と推定される．また土

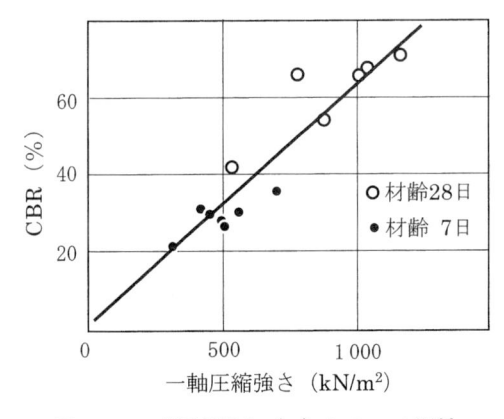

図-2.6 一軸圧縮強さ（q_u）と CBR の関係

2.1 強度特性

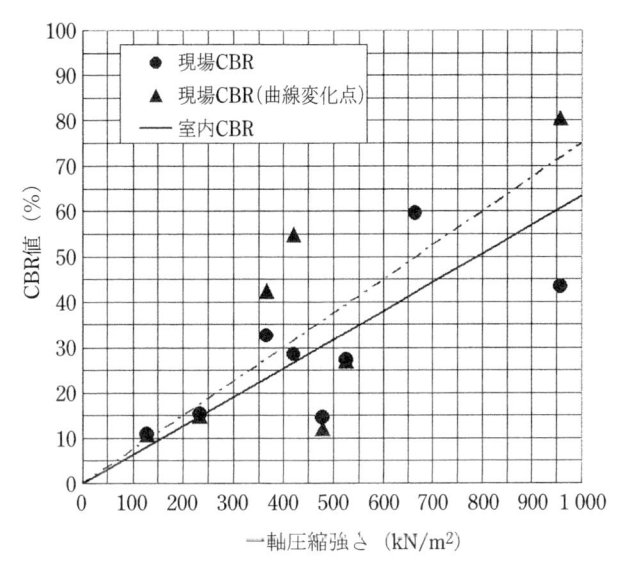

図-2.7 一軸圧縮強さ (q_u) と現場 CBR の関係

の種類から推定すると 8～30 % と考えられる．実験値と比較すると，乾燥密度から予想されるCBR 値 4～8 % に対して処理土の CBR 値は 40～70 % となり，固化材効果が CBR 値に寄与する割合は密度効果の 10 倍程度となる．土の種類による推定値に対しては，固化効果により約 5 倍程度増加している．

　一軸圧縮強さおよび湿潤密度の異なる流動化処理土の模擬地盤で現場 CBR 試験を行った結果の例を図-2.7 に示す．現場 CBR 試験において，地盤に貫入ピストンを押し込むと荷重-貫入量曲線が得られるが，流動化処理土地盤の貫入曲線は，固化強度が破壊する前の初期の立ち上がり曲線と，固化強度が破壊した後の比較的勾配の緩い残留変形を示す曲線の 2 本の線が得られる．両曲線の境は現場 CBR を求める貫入量 2.5 mm と 5.0 mm を跨ぐ傾向にある．したがって，5.0 mm の荷重による現場 CBR 値は固化強度が破壊する前の勾配による荷重と緩い勾配よる荷重が積み上げられた値となるため，必ずしも固化強度本来が示す現場 CBR 値となっていない可能性があり，試験法（JSF T 721-1990 および JIS A 1211）どおり貫入量 2.5 mm の値を採用して固化強度を保持した状態をもって CBR 値としている．実験で得られた現場 CBR と一軸圧縮強さの関係は，以下のとおりである．

$$\text{現場 } CBR\ (\%) = 0.075 \times \frac{q_{u28}}{q_u^*} \times 100 \tag{2.2}$$

ここに，q_u^* は無次元化のために設けた標準強度で 100 kN/m² とする．

　式 (2.1) と式 (2.2) の係数は 0.062 と 0.075 となり，室内 CBR 値は現場 CBR 値より小さくなる傾向を示している．両試験での係数の差は，載荷速度を含めて同じ試験条件なので，現場条件と地盤の境界条件により影響を受けたと推測される．流動化処理土はほぼ飽和状態にあり，載荷荷重が加わると変形にともない過剰間隙水圧が発生し分散するが，この過剰間隙水圧の発生具合が主な原因と推定される．

2.1.4 地盤反力係数

地盤を掘削したピットに流動化処理土を打設して平板載荷試験を実施し，地盤反力係数の値を求めた結果の例を図-2.8に示す．一軸圧縮強さと湿潤密度が異なる5種類の流動化処理土が用いられている．実験によるプロット数が少なく，地盤反力係数と一軸圧縮係数の相関はやや分散する傾向にあるが，一軸圧縮強さが200～700 kN/m² の範囲に対して中心線を引くと以下の関係式 (2.3) が得られる．

$$k \text{ (kN/m}^2\text{/m)} = 500 \times q_{u28} \text{ (kN/m}^2\text{)} \tag{2.3}$$

一般的に地耐力は，支持力理論に示す塑性すべり面に働くせん断応力と地盤のせん断強度との比較において説明される．この支持力理論による破壊形態は，すべり破壊により土粒子が荷重の加わる部分の下部から周辺に広がるように変形するメカニズムを仮定している．流動化処理土の地盤で平板載荷試験をすると，写真-2.1に示すような陥没現象が見られる．この観察結果は，支持力理論で仮定する周辺の地盤へ塑性すべり面が広がるメカニズムと明らかに異なる．

そこで実験で得られたデータを分析して，地盤内に加えられた最大せん断応力と処理土のせん断強度および地盤内に働いた最大圧縮応力と処理土の圧縮強度を比較した．結果を図-2.9に示す．図に示すように，固化強度の異なる総ての地盤（A①～A⑤）において載荷された

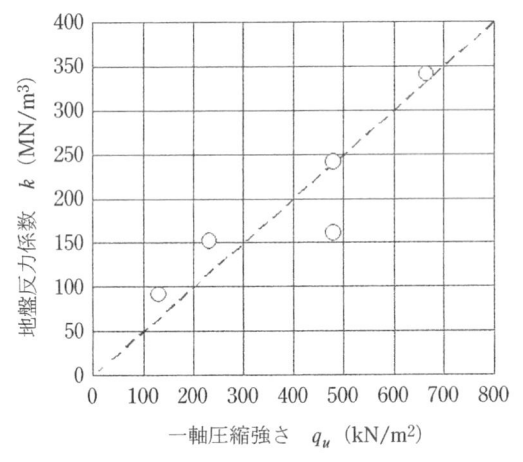

図-2.8 一軸圧縮強さ（q_u）と地盤反力係数（k）の関係

写真-2.1 平板載荷試験の陥没跡

2.1 強度特性

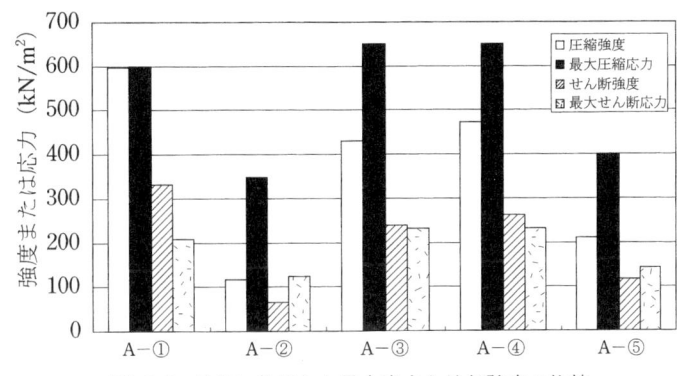

図-2.9 地盤に作用した最大応力と地盤強度の比較

圧縮応力は，地盤の圧縮固化強度を上回っていることがわかる．このとき地盤に加わったせん断応力はせん断強度に達していないか，ほぼ同程度で圧縮破壊のようにせん断破壊は発生していないことがわかり，圧縮破壊により陥没現象が起こったと考えられる．したがって，流動化処理土の一部分に固化強度を上回る荷重が加わると，せん断破壊ではなく荷重が加わった部分が圧縮破壊して圧縮による沈下（圧密）が起こるメカニズムが想定される．

一軸圧縮強さ（q_u）と地盤反力係数（k）は関係式（2.3）で示されたが，鉛直方向の地盤反力係数は，一軸圧縮試験で得られる E_{50} を用いて以下の換算式で求める方法が知られている．

$$k_{V_0} \,(\mathrm{kN/m^2/m}) = \frac{1}{0.3}\alpha E_0 \,(\mathrm{kN/m^2}) \tag{2.4}$$

ここに，k_{V_0} は平盤載荷試験の値に相当する鉛直方向地盤反力係数，α は地盤反力係数を推定する係数，E_0 は一軸圧縮試験で得られる E_{50} となる．

式（2.3）により求まる地盤反力係数と式（2.4）の係数を比較すると，前者が後者より小さな値となる．例えば，流動化処理土の一軸圧縮強さが 200 kN/m³ 程度の場合，E_{50} は経験的に 20 000 kN/m² 程度の値となる．式（2.3）と式（2.4）から地盤反力係数 k を算出すると以下になる．

式（2.3）より：$k \,(\mathrm{kN/m^2/m}) = 500 \times q_{u28} = 500 \times 200 = 1.0 \times 10^5 \,(\mathrm{kN/m^2})$

式（2.4）より：$k_{V_0} \,(\mathrm{kN/m^2/m}) = \dfrac{1}{0.3}\alpha E_0 = \dfrac{1}{0.3} \times 4 \times 20\,000 = 2.7 \times 10^5 \,(\mathrm{kN/m^2})$

以上のように式（2.3）の地盤反力係数は式（2.4）の 1/2 以下になる．これは後者がせん断すべりの破壊機構をもとにした式であるのに対して，前者は圧縮による破壊機構をもとにした関係式であるためと考えられる．流動化処理土の地盤反力係数を関係式により求めるときは，自然地盤を想定した支持力機構とは異なる破壊メカニズムにあることに留意する必要がある．

2.1.5 圧縮強度/圧密降伏応力

三軸圧縮（CU）試験の等方圧密試験を整理した結果の例を図-2.10に示す．図の縦軸は体積ひずみ（%），横軸は初期圧密等方応力を一軸圧縮強さで無次元化している．図中，整理した曲線を一軸圧縮強さと湿潤密度の処理土ごとにプロットした．凡例には，各プロットに対す

第 2 章　工学的性質

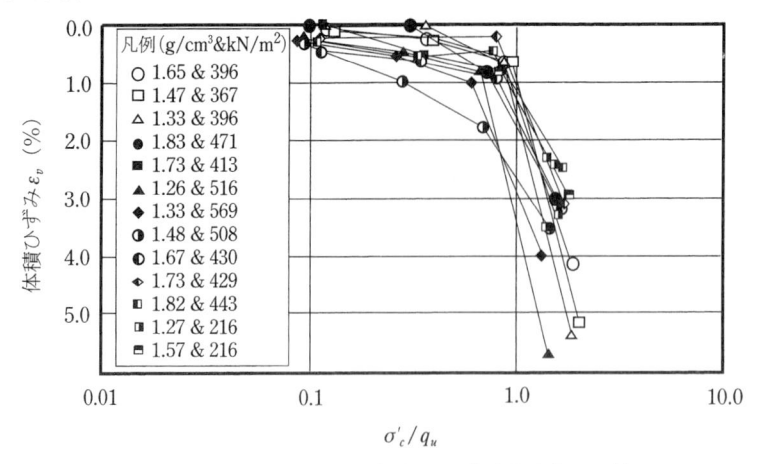

図-2.10　一軸圧縮強さ（q_u）と圧密降伏応力の関係

る湿潤密度と一軸圧縮強さの値が示されている．

　図に示すように，湿潤密度と一軸圧縮強さの異なる圧縮曲線が，比較的狭い範囲に位置している．無次元化した横軸上で圧密降伏応力は，比較的狭い範囲に収斂する傾向を示している．圧密試験の降伏応力の定義を用いると，等方圧密降伏応力と一軸圧縮強さの関係が近似的に以下の関係式で整理される．

$$\sigma'_c = (0.9 \sim 1.0)\, q_{u28} \tag{2.5}$$

　ここに，σ'_c は等方圧密試験により得られた圧密降伏応力，q_{u28} は材齢 28 日の一軸圧縮強さを示す．

　なお，この図において湿潤密度と圧縮指数の間に特別な傾向を把握することはできない．

2.1.6　引張り強度

　複雑な形状に打設された流動化処理土には，周辺地盤の変形にともない処理土内に引張り応力が発生することが想定される．このため，引張り強度を検証する割裂破壊試験の結果の例を図-2.11 に示す．ここでの供試体は沖積粘土泥水に，適宜，山砂とセメント系固化材を加えて

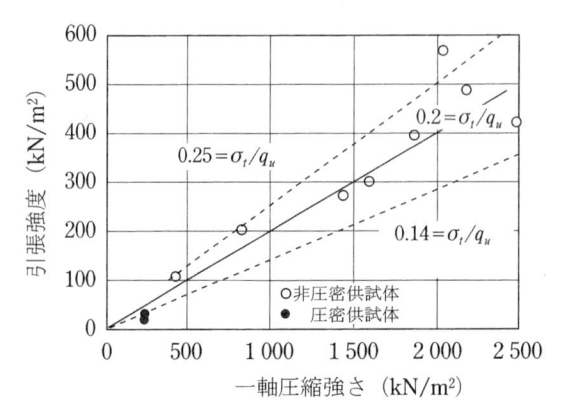

図-2.11　一軸圧縮強さと引張強度の関係

2.1 強度特性

おり湿潤密度は 1.3 ～ 1.8 g/cm³，目標強度は q_u = 200 ～ 3 300 kN/m² である．図に示すように，引張強度は一軸圧縮強さの約 0.2 倍を中心とする相関を示している．

2.1.7 弾性係数，ポアソン比

処理土の弾性係数（E_{50}）を過去に実施した一軸圧縮試験のデータからまとめた結果を図-2.12 に示す．図中，シルト（○）と沖積粘土（□）と砂質土（△），関東ローム（●）と有機質土（■）は異なるプロット群を形成し，2 つのグループの一軸圧縮強さと弾性係数（E_{50}）は各々，一次のよい相関関係を示している．一軸圧縮強さが 200 ～ 500 kN/m² 程度の処理土について，前者の弾性係数は 20 000 ～ 80 000 kN/m²，後者は 80 000 ～ 190 000 kN/m² の範囲になる．

流動化処理土のポアソン比を求めるため実施された三軸圧縮 (CD) 試験の結果の例を図-2.13 に示す．ポアソン比は，実験で得られた体積変化量と軸ひずみから算出している．セメンテーションが破壊する前の軸ひずみ 1 ～ 2 ％の範囲では，ポアソン比は 0.1 ～ 0.2 となる．図から湿潤密度が 1.78 g/cm³ で有効拘束圧 49 kN/m² のケースでは，セメンテーションが破壊してダイレイタンシーが発生して，ポアソン比が 0.5 以上になり体積膨張する傾向が表われている．

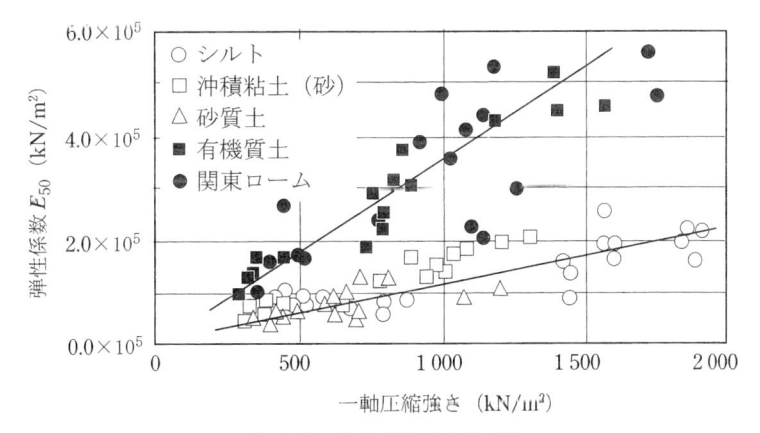

図-2.12 弾性係数の試験結果

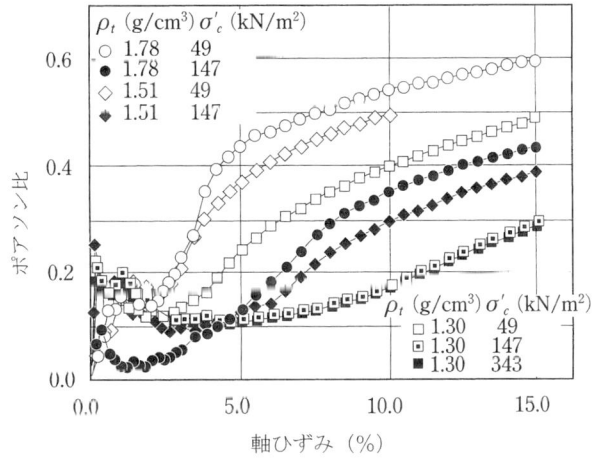

図-2.13 ポアソン比の試験結果

第2章　工学的性質

2.2 流　動　性

流動化処理土の特徴は，狭隘な空間の充填や流し込み施工にあるが，その品質は流動性により評価される．打設された流動化処理土は一般に打設位置で高くなり，離れるに従って一定の流動勾配で低くなっていく．流動化処理土を平均した一定の高さに揃えるには流動勾配が緩やかであると有利で，急だと打設位置を移動させる必要がある．このように流動性は埋戻しや充填施工において流し込む配管の筒先やシュートの打設位置を現場で順次，適切な位置に移動させるときの判断基準になる．そのほかに流動性は充填性や流動勾配，ポンプ圧送に対する施工の適用性の判断基準として使われる．

流動性は，実務的にフロー試験（JHS A313，4.6.2「試験方法」を参照）から求まるフロー値で評価される．そこで，流動化処理土のフロー値と施工で必要となる充填性，流動勾配，ポンプ圧送性との関係を，それぞれ実験や試験施工により把握した例を以下に示す．

2.2.1　フロー値と充填性

流動化処理土を地中埋設管の埋戻しや空洞充填などに用いる場合，その充填性が問題となる．そこでフロー値と充填性の関係を調査するため，実物大模型実験を行った．実験の概要図を図-2.14に示す．実験で複雑で狭隘な空間を再現するため，4 m × 1 m × 0.9 mの大型型枠内に4 mの通信ケーブル管を5条×6段に組み設置して埋戻し対象物とした（写真-2.2）．管と管の間隔は最小で5 mmとなっている．実験では大型型枠と通信ケーブル管の上から流動化処理土をホッパーで直投打設し，その充填性を確認した（写真-2.3）．

表-2.2に実験で用いた流動化処理土の配合を示す．フロー値を変えた埋戻し実験の結果を表-2.3に示す．表にある充填率は，打設した流動化処理土の体積を大型容器内の空隙部分の体積で割ることにより計算した．その結果，形状が狭小な空間であってもフロー値が115 mm程度以上あれば，ほぼ完全な充填ができることが確認された．型枠脱型後の実験模型の断面を後掲写真-2.4，写真-2.5に示すが，目視でも完全な充填がなされていることがわかる．

配合ケース3の打設実験は，流動化処理土の硬化後に側面の一部を削り出し（図-2.15），原料土中に混在する砕石（粒径5～20 mm）の分散状況を確認した．結果を図-2.16に示す．

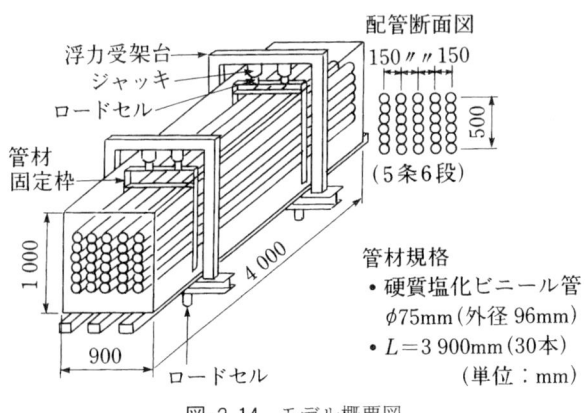

図-2.14　モデル概要図

2.2 流動性

写真-2.2 実験模型の外観

表-2.2 実験に用いた流動化処理土の配合

ケース	泥水 W_d (kg) 関東ローム	水	発生土 W_s (kg) 関東ローム	山砂	砕石 (5〜20 mm)	セメント系固化材 (kg/m³)	発生土利用率 (%)*
1	154	424	762	—	—	100	56.9
2	113	311	—	1 464	—	100	77.5
3	110	310	—	1 445	388	100	80.8

(注) * 発生土利用率(%) = $W_s \times 100/(W_s + W_d)$

表-2.3 充填試験結果

ケース	フロー値* (mm)	一軸圧縮強さ (kN/m²) σ_7	σ_{28}	充填率 (%)
1	115	239	400	99.0
2	163	355	510	102.7
3	192	329	465	100.7

(注) * シリンダー法(JHS A 313-1992)による測定.

第 2 章　工学的性質

写真-2.3　流動化処理土の打設状況

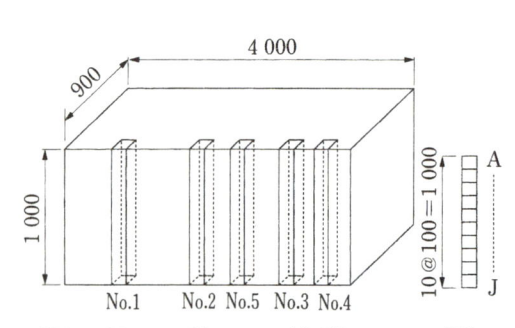

(注) 1. No.1〜4は，50mm(奥行)×100mm(幅)ではつり出し(目視)
2. No.5は，100mm(奥行)×100mm(幅)で採取(重量測定)

図-2.15　砕石の分散状況確認位置

測定箇所	砕石分布百分率(個数)(%) No.1〜4の平均値	10 20	砕石分布百分率(重量)(%) No.5	10 20
A	6.4		15.35	
B	9.1		9.06	
C	12.7		10.84	
D	9.1		8.78	
E	10.0		8.58	
F	7.3		6.33	
G	10.0		6.62	
H	10.0		8.12	
I	13.6		9.15	
J	11.8		17.17	

図-2.16　砕石の分散状況

砕石はかなり均等に分散していて，砕石の沈降や砂との分離などは見られない結果となった．

2.2.2 フロー値と流動勾配

坑道の埋戻しのように打設箇所が坑道入口のみに限られているような場合には，流動勾配の把握が特に重要になる．フロー値からおおよその流動勾配が予測できると，打設のための配管計画に役立つ．フロー値と流動勾配の関係について，実物大の坑道模型を用いて行われた実験の例を以下に示す．

(1) 概 要

実験概要を図-2.17に示す．

流動勾配は，実物大坑道模型の端部から直投打設し流れ込む処理土の勾配を測定し平均した．このとき，ケース3に示すように坑道に屈曲を設けることで，曲がって流れる場合の流動勾配も調査した．

直投打設による流動勾配の測定のほかに，フロー値の異なる流動化処理土（フロー値：160, 200, 350 mm）を用いて天端の充填性を調べる実験を行なった．充填実験の条件として①坑道模型の天井に配管して圧送打設する，②直接投入し片押し流し込み打設をする，③坑道天盤部に凹凸を有する障害物を設けて充填打設する，ことを計画した．

(2) 流動勾配

結果を図-2.18に示す．図の○で示したラインが，流動化処理土を模型端から直接投入したときの打設量ごとの堆積高さとなる．各ケースで測定された平均流動勾配を表-2.4に示す．フロー値が120 mmでは流動勾配が11 %で，20 m先の坑道の奥まで流れ込むことはなかった．

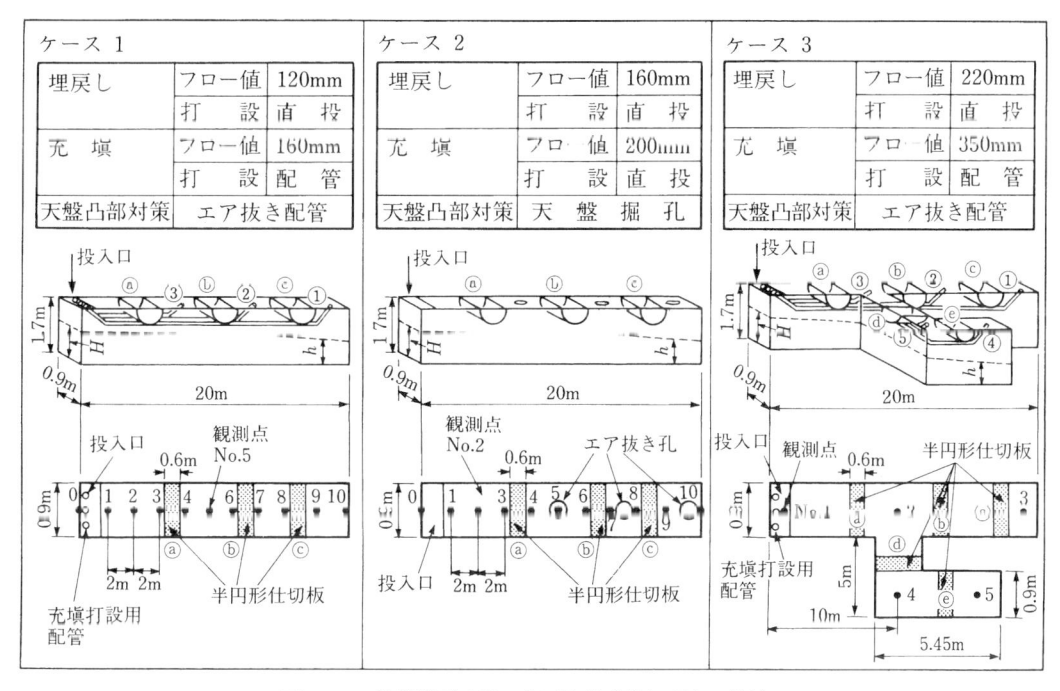

図-2.17 坑道模型実験の概要と流動化処理土の特性

第2章　工学的性質

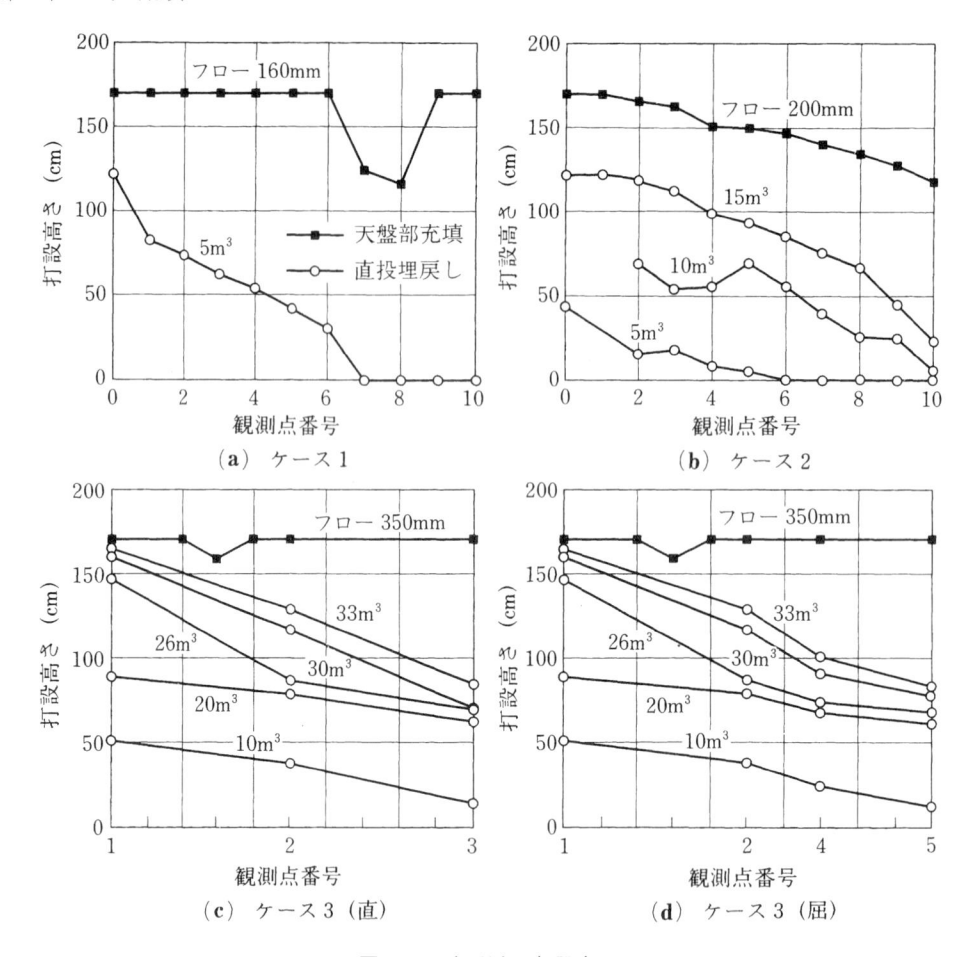

図-2.18　処理土の打設高さ

(a) ケース1
(b) ケース2
(c) ケース3（直）
(d) ケース3（屈）

表-2.4　平均流動勾配

	フロー値 (mm)	流動勾配 (％)
ケース1	120	11.3
ケース2	160	2.3
ケース3　（直線）	220	1.9
（L型）		2.0

フロー値が160〜220 mmでは流動勾配が2％前後で，自然に坑道奥へ流れ込む状況が観測された．坑道に屈折部がある条件では，流動勾配に変化はみられなかった．2％程度の流動勾配が確保されると，坑道の屈曲の影響を受けずに流れ込む状況が示された．

上記の坑道模型実験と併せて行われた実施工（坑道埋戻し工事，共同溝埋戻し工事）により測定された流動勾配を，フロー値ごとにまとめた結果を図-2.19に示す．実施工で得られた流動勾配は，フロー値200 mm前後では2〜5％程度の範囲になった．フロー値が200 mmより

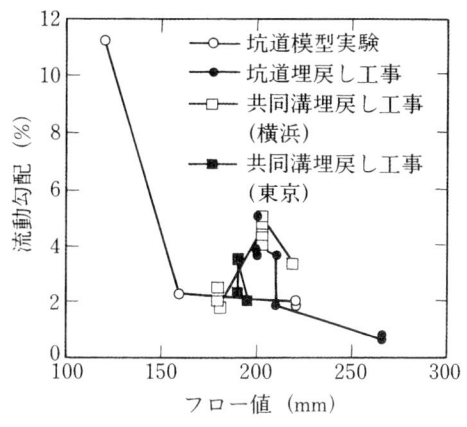

図-2.19 流動勾配とフロー値の関係

小さくなると流動勾配が徐々に大きくなり始め，150 mm を下回ると急激に上昇する傾向が伺える．

(3) 坑道天盤部の充填

図-2.18 の黒四角（■）で示したプロットが直接打設した仕上がり高さとなる．充填が完全に行われると仕上がり高さは 170 cm になる．

直投方式（ケース2，フロー値 200 mm）による充填状況が図-2.18（b）に示されている．図から観測点 No.3 付近から仕上がり高さが急に低下して，充填が天盤までなされていないことがわかる．これは No.3 付近に半円形仕切り板ⓐがあり（図-2.17 参照），この板が障害となって仕切り板より右側に処理土が流れ込みにくくなるためと考えられる．

配管充填方式でフロー値 160 mm の場合（ケース1）の充填状況が図-2.18（a）に示されている．この実験は，図-2.17 の①の吐出し口から左側に向って充填打設を行い，その 24 時間後に吐出し口①から再度，充填打設を行なっている．最初の充填で観測点 No.9～10 の区間は完全に充填されたが，No.9 付近にある半円形仕切り板ⓒの左側の空間には処理土が回り込まず，No.7～8 の区間は充填が不十分であった．次の充填では観測点 No.1～6 の区間は完全な充填ができたが，No.7～8 の区間（仕切り板ⓑ～ⓒの間）には処理土が回り込まず，充填が不十分であった．

配管充填方式でフロー値 350 mm（ケース3）の充填状況が図-2.18 の（c）と（d）に示されている．処理土打設は図-2.17 の①，④，⑤，③の吐出し口から順番に行っている．このとき，吐出し口②からは処理土を送らず，ⓑとⓒの半円形仕切り板に挟まれた部分に処理土が回り込む状況が観察された．その結果，ⓑとⓒに挟まれた部分も含めて，ほぼ完全な充填を行うことが確認された．なお硬化後の処理土の仕上がり面には極微小な空隙が点在していた程度で，充填性は十分であったことが目視で確認された．

この結果から，固化した既存の処理土と坑道天盤との空隙を充填するには，フロー値 350 mm 程度の処理土を配管打設で送り込めば，天盤の凹凸に関わらず完全な充填が可能であることが検証された．

2.2.3 フロー値とポンプ圧送性

都市部の工事では，流動化処理土をポンプで圧送打設する施工が多い．過去の施工実績をみると，地下鉄のインバート部埋戻し充填で延長1 000 m のポンプ圧送を実施したケースがある．このときは，流動性を増すため混和剤が用いられている．共同溝の埋戻しにおいては，延長400 m 程度のポンプ圧送が行われている．以下に，流動化処理土のポンプ圧送試験の結果の例を示す．

フロー値と圧送圧力の関係および，圧送距離と圧送圧力の関係を把握した．実験の概要を図-2.20 に示す．コンクリートポンプ車に延長112.5 m の配管を取り付け，コンクリートと流動化処理土を圧送し圧力を計測した．計測を終えた後，配管を先端部から順次切り離しながら，再び流動化処理土を圧送し配管の長さと圧送圧力の関係を測定した．

コンクリートと流動化処理土を比較した結果を図-2.21 に示す．コンクリートの単位体積重量は21.0 kN/m³，流動化処理土の単位体積重量は15.8 kN/m³ で，その比は4：3程度になる．図-2.21 より圧送圧力の比は5：2程度で，流動化処理土のほうがコンクリートより効率良くポンプ圧送できる傾向が示された．

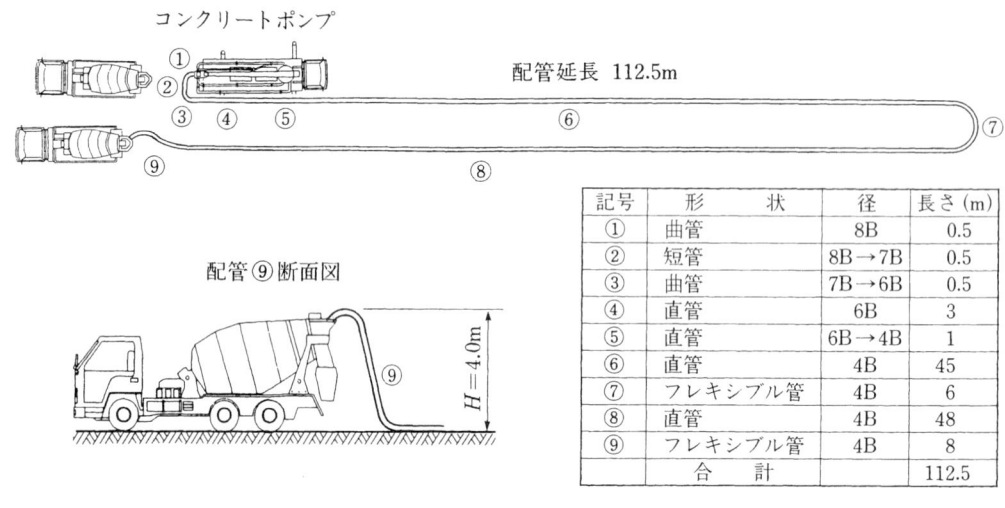

記号	形　　状	径	長さ (m)
①	曲管	8B	0.5
②	短管	8B→7B	0.5
③	曲管	7B→6B	0.5
④	直管	6B	3
⑤	直管	6B→4B	1
⑥	直管	4B	45
⑦	フレキシブル管	4B	6
⑧	直管	4B	48
⑨	フレキシブル管	4B	8
	合　　計		112.5

図-2.20　試験概要図

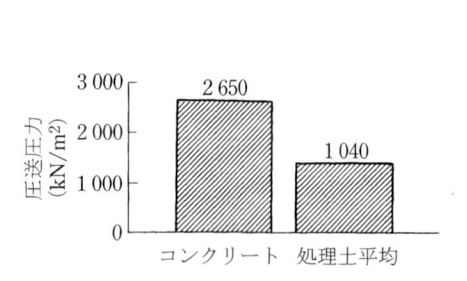

図-2.21　コンクリートと処理土の圧送圧力の比較

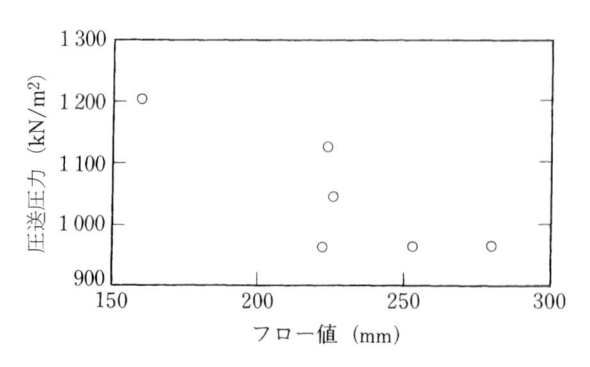

図-2.22　フロー値と処理土圧送圧力の実験結果（圧送距離112.5 m）

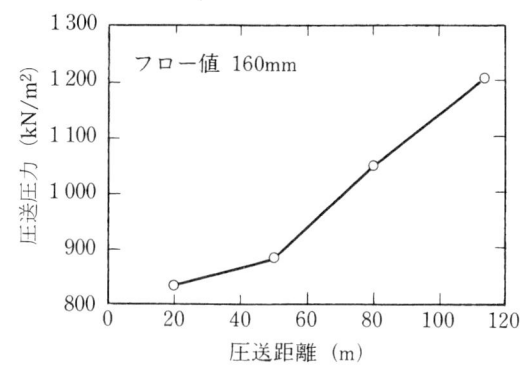

図-2.23 圧送距離と圧送圧力の実験結果（フロー値 160 mm）

図-2.22 および図-2.23 にフロー値と圧送圧力，圧送距離と圧送圧力の関係を示した．ポンプの最大圧送圧は 4 000 kN/m² であることから，フロー値 160 mm 程度の流動化処理土ならばコンクリートポンプ車で 200 m 以上まで十分に圧送できることが推定できる．

2.2.4 経過時間にともなうフロー値の低下

流動化処理土の固化反応が始まると粘性が増し，流動性は低下しフローは時間が経過するにつれて低下する．固化反応は温度とも関係するので，フローの低下は冬より夏のほうが大きい．

フロー低下は流動化処理土を運搬する施工で配慮すべき重要な事項で，定量的な傾向の把握が必要になる．以下に，流動化処理土製造後のフロー低下を時間ごとに室内で計測した結果の例を示す．

実験に用いた固化材添加量は 160 kg（処理土 1 m³ 当り），固化材は高炉セメント B 種を用いた．試験結果を図-2.24 に示す．

実験によるフロー低下は製造から 30 分程度経過後から現れ，120 分後にはほぼ自立するほどに至っている．流動化処理土をアジテータ車で運搬するときは，移動中ゆっくりとした撹拌状態下にある．アジテータ車を使った共同溝埋戻し工事において，出荷時と打設のフロー値の

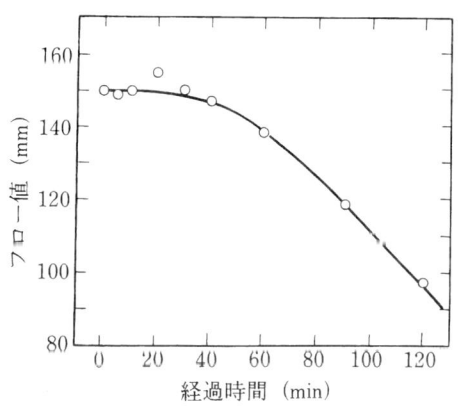

図-2.24 経過時間とフロー値の関係

第2章　工学的性質

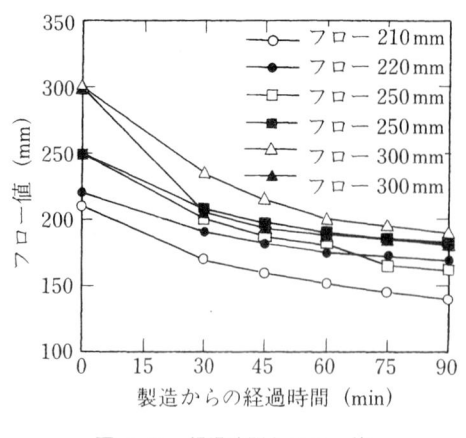

図-2.25　経過時間とフロー値

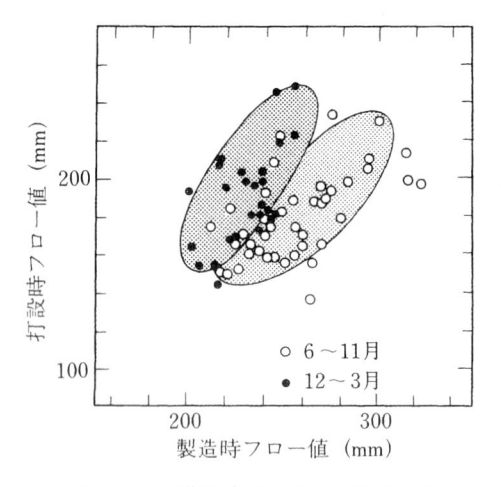

図-2.26　夏期と冬季のフロー値低下量

差を多数回調査した．結果を図-2.25に示す．初期フロー値の大小にかかわらず，経過時間が60分間程度でフローの低下は止まり，その後3時間程度まで変化しない傾向が表われている．図で製造時のフロー値が300mm前後のものと210mm前後のものを比較すると，300mmのほうがフロー値の低下が大きくなる傾向が伺える．

夏期と冬期のフロー値の低下量を図-2.26示す．夏期のフロー低下は平均260mmから平均180mmへと約80mm低下するのに対して，冬期のフロー値低下は平均230mmから平均180mmへと約50mm低下し，夏期のほうがフロー低下が大きい．

2.3　ブリーディングおよび材料分離

流動化処理土のブリーディング率は2つの現象を想定している．

1つ目は，まだ固まらない流動化処理土の表面に時間の経過とともに浮かび上がるブリーディング水の量を尺度として，水中で細粒分が沈降して細粒分と水が分離する度合いである．固化材を含む泥水からブリーディング水が大量に分離すると，セメント成分が泥水中から溶脱するので好ましくない．このような現象が起こると固化促進が遅れ，流動化処理土の表面の水分が蒸発し乾燥するので表層土に亀甲状のクラックが発生することがある．

2つ目は，泥水中の砂や礫が沈降して，泥水と粗粒土が分離する度合いである．砂が沈降すると打設した流動化処理土は，砂分が少ない部分と砂の多い部分に別れ，結果として固化強度のばらつきとセメンテーション破壊後のダイレイタンシー効果の欠落が発生し，固化後に期待される均一な強度発現性能が得られない．

2.3.1　水と泥土粒子の分離

ブリーディングが発生した泥水の密度の変化を，実験により調べた結果の例を以下に示す．

実験には，図-2.27に示す長尺円筒容器が使われている．長尺円筒容器は，外径6cm，内径5.2cm，長さ160cmの透明なアクリル円筒容器で，図に見るように20cmごとに泥水採取用蛇口が取り付けられている．一定時間が経過した時点で20cm区間ごとの蛇口から泥水を上か

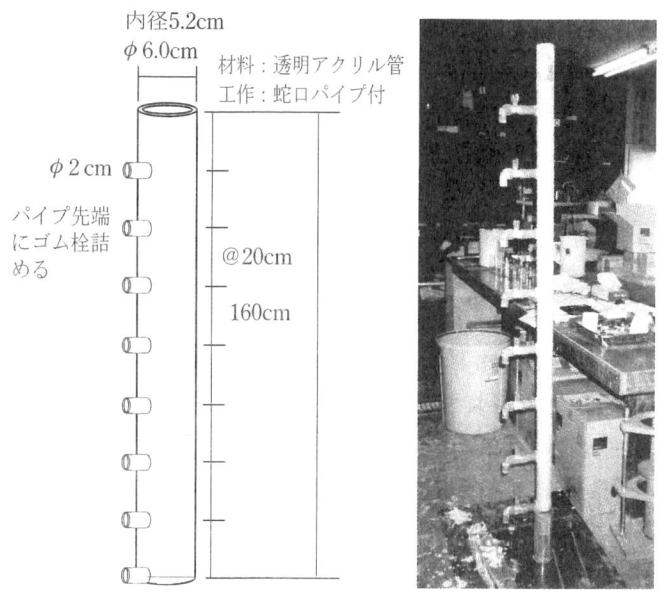

図-2.27 密度変動測定用の長尺円筒容器の概要

ら順に採取することができ，体積と質量を測定して任意の時間における鉛直方向の泥水密度が算出される仕組みになっている．

実験にはカオリン粘土が用いられている．泥水密度は $\rho_s = 1.1$，1.2，$1.3 \mathrm{g/cm^3}$ の3種類である．測定時間は1時間後，2時間後，3時間後である．長尺円筒容器により測定したブリーディングの進行にともない変化する深さ方向の密度変動の結果を図-2.28 (a)(b)(c) に示す．横軸は（測定時密度－元密度）／元密度を百分率で示した値で変動率（％）とし，縦軸は測定位置で上から順に並べている．

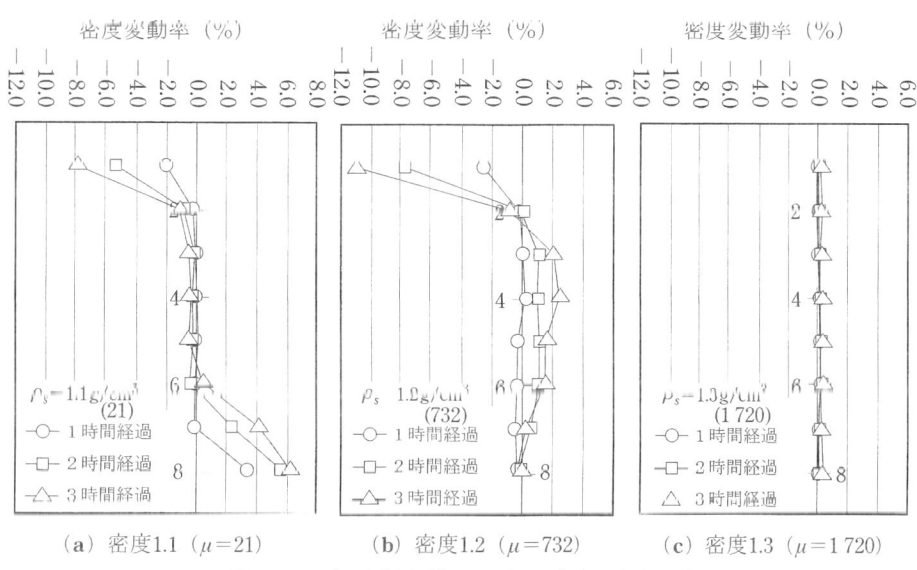

(a) 密度1.1 ($\mu = 21$) (b) 密度1.2 ($\mu = 732$) (c) 密度1.3 ($\mu = 1720$)

図-2.28 長尺円筒容器による深さ方向の密度変動

第2章　工学的性質

　図 (a) は泥水密度1.1のケースで，1時間後の密度変動（○印）をみると，泥水表面にブリーディング水が浮き上がり水が多くなり測定点1区間の密度は1.1を下回り，測定点2から7は変動せず，測定点8の最下部で密度が増している．変動パターンから泥水中の土粒子が水中を沈降して，上から順に玉突き式に下に伝播し容器の底で滞留する状況が推察され，ストークスの法則が示す土粒子の沈降現象と類似する傾向がみられている．また測定区間7－8間は20 cmであることから，土粒子の沈降が1時間で20 cm程度であることも推察される．

　2時間経過後の密度変動（□印）は，測定点1で密度1.04となり，この区間はほぼ水に置換されている．一方，測定区間6－7間の密度は増加して土粒子が溜まる位置が一段上に移行している．測定点8の密度は1.25に増した．この傾向は3時間経過しても継続している．

　図 (b) は泥水密度1.2のケースで1時間経過後の密度変動（○印）をみると，ブリーディングの発生により測定点1の密度が1.15に低下したが，密度1.1の玉突きのような密度変動パターンはみられない．測定点4で密度が若干増加したが，最下部の測定点8の密度変化はみられない．

　2時間経過後の密度変動（□印）は測定点1で密度が1.10とさらに小さくなり，測定点2から6間の密度が一様に増加した．最下部の測定点8の密度変化はみられず，ストークスの法則が示す沈降パターンは，終始，観察されていない．

　図 (c) は泥水密度1.3のケースで，1時間，2時間，3時間経過後のブリーディングはなく，密度変動が起こらない結果となっている．この状況では土粒子が水中で沈降することはなく，総ての土粒子は互いに接触してその自重はつりあい状態にあると推察される．

　図 (b) の円筒容器の最上部で計測した3時間後の泥水密度からブリーディング率を算出すると8％となる．表面的には観察されていないが，その下の密度も低下して元の状態より水分が増えている．つまり表面に少なからずブリーディング水があると，下部も水分が増加していて泥水の品質として好ましくない状況にある．数％でもブリーディング水が発生することは，

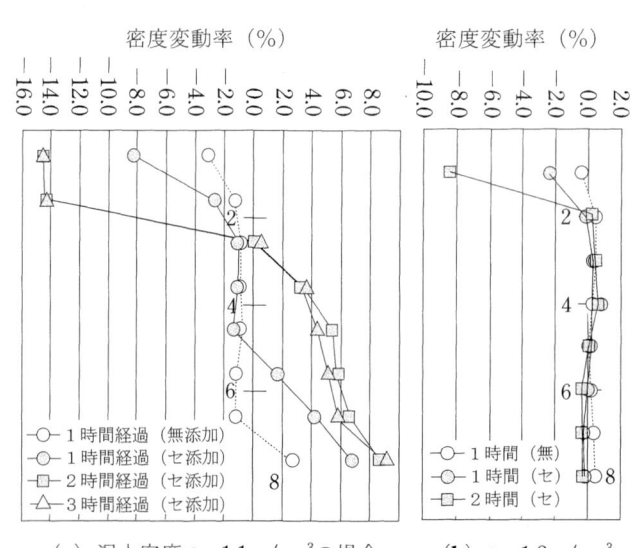

(a) 泥水密度 $\rho=1.1\,\mathrm{g/cm^3}$ の場合　　**(b)** $\rho=1.2\,\mathrm{g/cm^3}$

図-2.29　ブリーディング時の深さ方向の密度変化

表面からその下部まで細粒分の沈降現象が起こっていることを暗示している．望ましくは図(c)のように自重が粘性でつり合うような状態にあることで，このとき密度変動は鉛直方向で変らない．表面で観察するブリーディング率1％未満は，その下部でも密度変動がないことを示している．したがって，ブリーディング率2〜3％のような値で品質を許容することは，深さ方向で品質のばらつきを容認することにつながることが理解される．

同様の方法で泥水にセメントを混入したときの密度変動の測定結果を図-2.29に示す．

図中の○は1時間後の密度変化で，白色と灰色はセメントの有無を示している．泥水密度1.1と1.2ともセメントを含む泥水（灰色○）のほうが，表面のブリーディングが大きい傾向を示している．この傾向は図-2.28で示したセメント無添加の2時間後の結果との比較においても，セメントを含むほうが表面のブリーディング量が大幅に増える傾向が示されている．

なお，泥水密度1.3でブリーディング率1％未満の泥水は，セメントを加えてもブリーディング率は1％未満である．

2.3.2 泥水と粗粒土の分離

泥水中の粗粒土沈降を粘性の観点から実験した結果の例を以下に示す．実験に用いられた粗粒土混合泥水（混合泥水という）は，カオリン粘土に水を混ぜ密度を調整した泥水に，粗粒土として4.75 mmふるいで分級した川砂を加えたものである．実験に用いられた混合泥水の配合は，密度 ρ_s が異なる3種類（1.1，1.2，1.3）の泥水に川砂を混ぜることで，密度 ρ_t はそれぞれ1.4，1.6，1.8 g/cm^3 となっている．沈降実験では図-2.27に示す長尺円筒容器が使われている．

実験結果のうち，土粒子の粒径の違いによる沈降傾向について例として密度1.4 g/cm^3 の結果をあげ図-2.30に示す．計測時間は10分後で，ふるい分け試験の結果を粗礫砂（ϕ 0.42〜4.75 mm）と細砂（ϕ 0.075〜0.42 mm）に分けて整理して示す．図から，粘性係数が21 N/m^2·s の泥水中では細砂も粗礫砂も大きな沈降傾向を示しているが，粘性係数が259 N/m^2·s と上がると細砂の沈降は急激に減少する傾向が見られる．

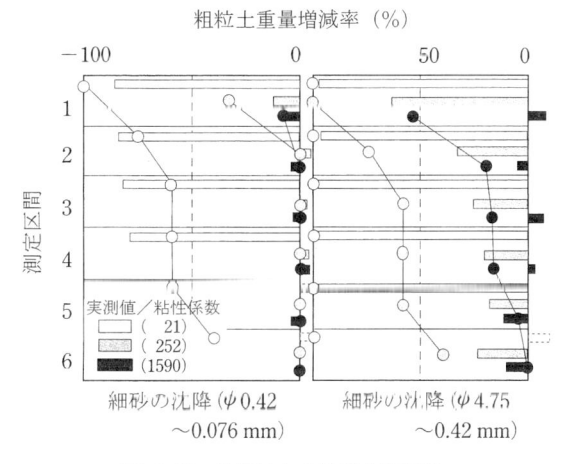

図-2.30 粒径による沈降分析結果

第2章　工学的性質

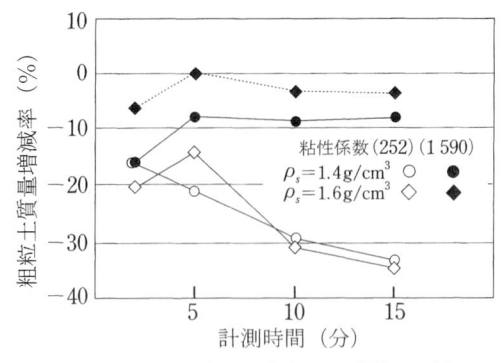

図-2.31　時間経過と粗粒土の沈降の関係

一方，粗礫砂は細砂より沈降量が大きく，特に粘性係数が259 N/m²·s でも10分後に30%程度の粒子が沈降する傾向を示している．粘性係数が1 590 N/m²·s では，粒径が最大4.75 mm の礫でもその沈降は測定点2～5において5%未満で，沈降が強く抑制されている状況が読み取れる．

時間に対する平均沈降量の結果を図-2.31に示す．沈降量は，密度による比較と同じ長尺円筒容器の測定点1～3の平均値を採用している．図は，粘性係数259 N/m²·s の泥水と1 590 N/m²·s の泥水に粗粒土を混入して，密度1.4 g/cm³ と1.6 g/cm³ とした混合物についての結果が示されている．図から，粘性係数が259 N/m²·s のプロットは右肩下がりで，密度の違いにかかわりなく沈降が時間とともに徐々に多くなる傾向が伺える．

粘性係数が1 590 N/m²·s になると，右肩下がりの傾向は弱まり時間の経過に拘わらず粗粒土の沈降はほぼ横ばいで，沈降が強く抑制される傾向が見られる．

2.4　透水性

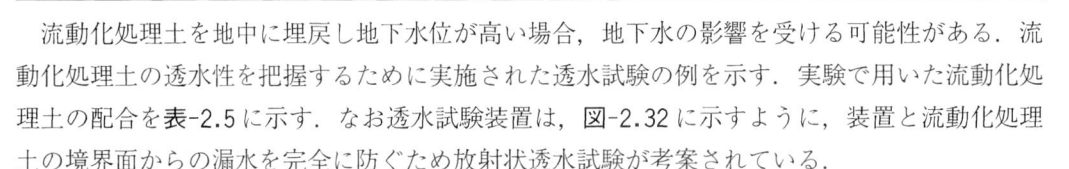

流動化処理土を地中に埋戻し地下水位が高い場合，地下水の影響を受ける可能性がある．流動化処理土の透水性を把握するために実施された透水試験の例を示す．実験で用いた流動化処理土の配合を表-2.5に示す．なお透水試験装置は，図-2.32に示すように，装置と流動化処理土の境界面からの漏水を完全に防ぐため放射状透水試験が考案されている．

試験結果を間隙比と透水係数の関係で整理したものを図-2.33に示す．この図から，以下のことがわかる．

・流動化処理土の透水係数は 10^{-5} ～ 10^{-7} cm/s のオーダーに分布し，透水性はかなり低い．
・間隙比が大きくなると透水係数も若干大きくなる傾向にあるが， 10^{-5} cm/s 以下である．

透水試験で確認された流動化処理土の透水性を考えると，連続的に埋戻された流動化処理土はある程度の止水効果も期待できる．

また流動化処理土は実質的に不透水なので，浸透水による流動化処理土内部のカルシウムイオンなどの溶出も非常に少ないものと考えられる．

2.4 透水性

表-2.5 実験に用いた流動化処理土の配合

(a) 室内実験配合

泥水 W_d 粘性土(kg)	水(kg)	泥水密度 ρ_t (g/cm³)	発生土 W_s (kg)	混合比 P	処理土密度 ρ_t (g/cm³)	処理方法
175.9	329.3	1.150	1 262.9	0.40	1.865	調整泥水式
120.1	374.9	1.100	1 237.5	0.40	1.829	
61.5	422.7	1.050	1 210.7	0.40	1.792	
147.1	183.6	1.200	1 653.2	0.20	2.081	
229.0	285.9	1.200	1 287.3	0.40	1.899	
344.1	429.5	1.200	773.5	1.00	1.644	
492.6	614.8	1.200	110.7	10.0	1.315	
517.4	645.7	1.200	—	—	1.260	泥水単体式

(b) フィールド試験工事配合

泥水 W_d 粘性土(kg)	水(kg)	泥水密度 ρ_t (g/cm³)	発生土 W_s (kg)	混合比 P	処理土密度 ρ_t (g/cm³)	処理方法
234.9	303.9	1.250	1 197.4	0.45	1.833	調整泥水式
205.4	305.6	1.225	1 022.0	0.50	1.630	
1 377.0	220.6	1.650	—	—	1.694	泥水単体式
964.1	449.4	1.460	—	—	1.518	
808.6	508.1	1.360	—	—	1.414	

(注) $P = W_d/W_s$ W_d：泥水の重量 W_s：発生土の重量

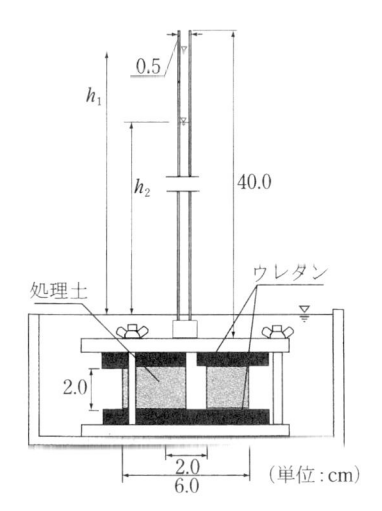

図 2.32 透水試験装置

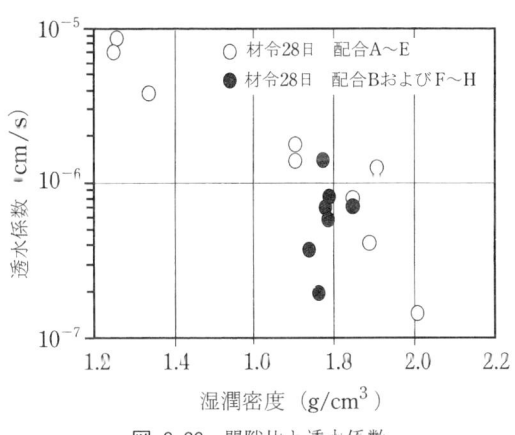

図-2.33 間隙比と透水係数

2.5 体積収縮

体積収縮には，短期間に生じるものと，長期にわたって進行するものがある．短期的な収縮は十分にブリーディング率を抑制し，固化材を均等に攪拌すれば防ぐことが可能である．また長期的な収縮は，流動化処理土の間隙の量や流動化処理土周辺の地下水位などの環境にも影響されると考えられる．

そこで，打設後の流動化処理土の体積収縮について，図-2.34 に示す大型型枠に打設された流動化処理土を用いて調査した例を示す．実験に用いられた流動化処理土の配合を表-2.6 に示す．なお，流動化処理土打設時の品質管理試験でのブリーディング率は 1 ％未満である．

打設後，一週間して脱型した土構造体は，全面をカラー鋼板，側面を化粧型枠脱型後コーティング処理，表面を覆土している．体積収縮に関連する計測位置を図-2.35 に示す．沈下は水準測量で，ひずみはスチールゲージで計っている．計測期間は打設後 6 週まで実施された．

観測結果を表-2.7 に示す．計測期間はセメントの固化反応が進行している期間であるが，この間の体積変化はきわめて微量である．なお打設から 3 年経過時点でも，土構造物にはクラックなどの変状は見られず，安定した状態を保っている．

長期的な流動化処理土の体積収縮について，通常の土中に埋戻される場合などは周囲が湿潤状態にあるため，乾燥による体積収縮はほとんど問題にならないと考えられる．ただし，気中に暴露するような条件では乾燥収縮も懸念されるため，埋設管埋戻し実験（2.2.1「フロー値と充填性」参照）における供試体を，室内に長期間気中放置し，状態の変化を観測した例を以下に示す．

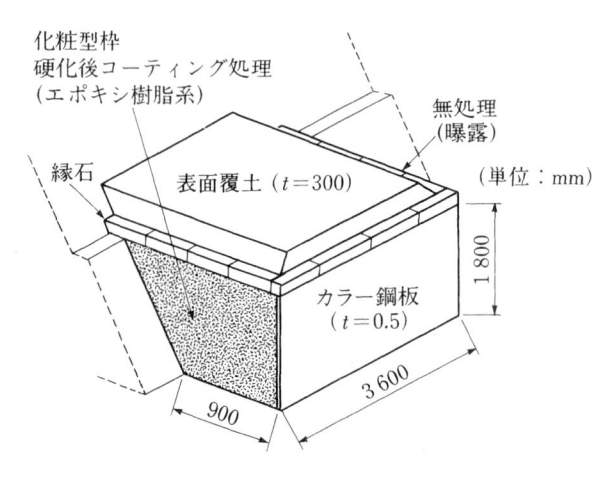

図-2.34 実験用流動化処理土の概要

表-2.6 流動化処理土の配合

発生土	泥水密度 (kg/m^3)	泥水 (kg)	発生土 (kg) ローム	発生土 (kg) 山砂	発生土 (kg) 礫	固化材 (kg/m^3)	泥水混合比 P
山砂	154	424	—	1 464	—	100	56.9

2.5 体積収縮

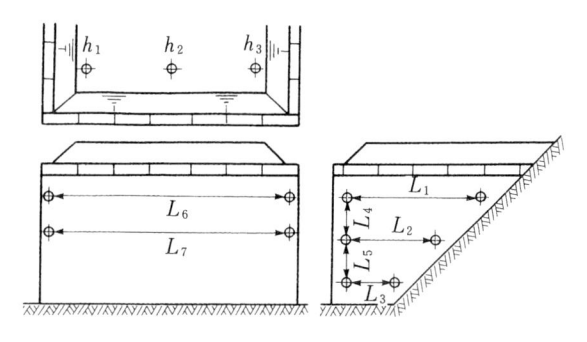

図-2.35 体積収縮測定位置

表-2.7 測定結果

	測点	打設後1週	打設後2週	打設後3週	打設後4週	打設後6週
沈下量 (mm)	h_1	0	−3	−3	−3	−3
	h_2	0	−2	−1	−2	−2
	h_3	1	−2	−1	−2	−2
ひずみ (mm)	L_1	0	1	−5	0	0
	L_2	0	0	3	−1	−1
	L_3	1	0	1	0	0
	L_4	1	1	2	1	1
	L_5	0	1	0	2	2
	L_6	0	2	1	5	—
	L_7	0	1	0	1	1

3年後の状況を**写真-2.4**と**写真-2.5**に示す．写真-2.4は関東ロームを原料土とした流動化処理土，写真-2.5は関東ロームと山砂を原料土とした流動化処理土である．関東ロームを原料土とした流動化処理土には，表面にかなり大きなクラックが入っている．一方，山砂を原料土とした流動化処理土には，所々小さなクラックが認められるが，大きな劣化は認められない．

図 2.36 に，流動化処理土の間隙比を示す．この実験で用いた流動化処理土は関東ロームを主体としたものがケース1，山砂を主体としたものがケース2である．固化した流動化処理土の飽和度は 96～99％と高く，間隙中の空気量は少ない．したがって流動化処理土のクラックは間隙中の水分の脱水による影響と考えられる．関東ロームのような粘性土を主体とした流動化処理土の場合（ケース1）には，間隙比が3.26と大きいため水分の脱水量が大きく体積がかなり減少する．一方，山砂を主体とした流動化処理土の場合（ケース2）には間隙比が0.86と小さく脱水量も少ないため，体積収縮は気中でも極少量であったと考えられる．

第2章　工学的性質

写真-2.4　収縮外観（関東ローム外観）

2.5 体積収縮

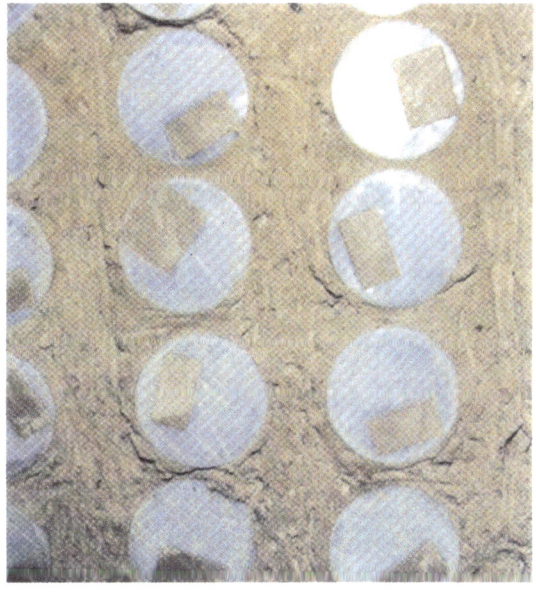

写真-2.5 収縮外観（関東ロームと山砂の外観）

第 2 章　工学的性質

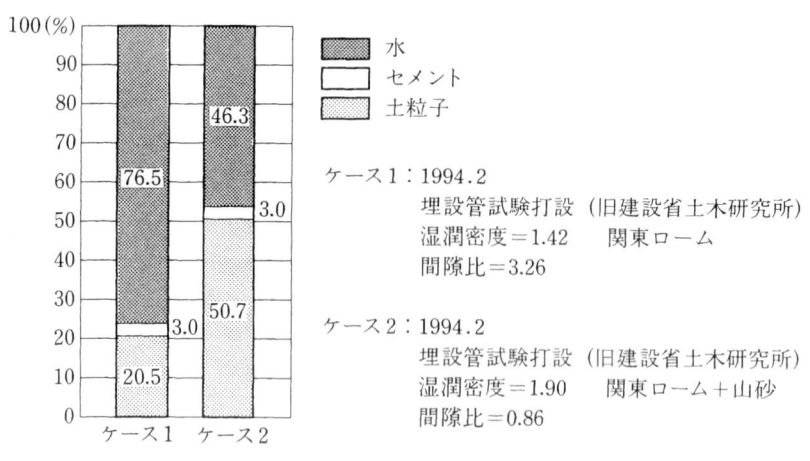

図-2.36　流動化処理土の間隙比

ケース1：1994.2
　　埋設管試験打設（旧建設省土木研究所）
　　湿潤密度＝1.42　　関東ローム
　　間隙比＝3.26

ケース2：1994.2
　　埋設管試験打設（旧建設省土木研究所）
　　湿潤密度＝1.90　　関東ローム＋山砂
　　間隙比＝0.86

2.6　流動化処理土周辺地盤への影響

　流動化処理土にはセメント系の固化材が添加されている．そのため流動化処理土が地下水に接する場合，流動化処理土内部のカルシウムイオンが溶け出し周辺地盤に拡散する可能性がある．

　土壌のアルカリ化に関しては，粘性土地盤の場合，溶出されたイオンが粘性土の持つイオン吸着能力により吸収され，周辺地盤に影響を与えないことが知られている．しかし砂地盤の場合，イオン吸着能力はあまりなく周辺地盤への影響も懸念される．

　一方，流動化処理土は，前述のように透水性が低いため流動化処理土中を浸透する地下水量は少なく，カルシウムイオンの溶出による高い pH を示す地下水は，流動化処理土表面に接して流れる量が大部分であると考えられる．

　こうしたことから実施された，流動化処理土と周辺地盤の pH について一連の調査を以下に示す．

2.6.1　砂地盤への流動化処理土埋戻し工事にともなう周辺調査

　硅砂層を採掘した後を流動化処理土で埋戻しを行う工事を利用して，周辺地下水の pH 調査を継続的に実施した．

　この廃坑の一部はすでにエアミルクで埋戻されていた．その影響を調査するため，工事着工前に坑道内の溜まり水を調査した．なお北側は地盤が高く，南側に向かって地下水が流れている．また北側の地盤からは水の供給があり廃坑端部で湧き水が確認された．北側の湧き水の pH は 6.8 前後であった．エアミルク埋戻し周辺では 9.0 以上の値を示す箇所があり，明らかにカルシウムイオンの溶出が確認された．

　この事前調査をふまえて，まず pH の高い溜まり水周辺に深さ 50 cm 程度の簡易な孔を一定間隔で掘り，その中に浸透してきた水の pH を測定した．その結果，pH 9.0 のアルカリ性の溜まり水の箇所から 1.7 m 離れた孔では pH 8.5，3.5 m 離れると pH 7.0 となった．したがっ

2.6 流動化処理土周辺地盤への影響

て，この砂質地盤においても，周辺地盤のアルカリ化の範囲は，3～4m以内の限定された領域であることが確認された．

また，埋戻し対象となる廃坑周辺に地下水観測井戸を3箇所設け，工事着工から終了後3ヵ月までの期間にわたってpHを測定した．地盤の透水係数を考慮すると，流動化処理土で埋戻された部分に接した地下水が観測井戸に流れ込むのに十分な期間が確保されている．その結果を図-2.37に示すが，地下水のpHはほとんど変動せず中性を保ち，埋戻しによる周辺地盤の影響は全く認められなかった．

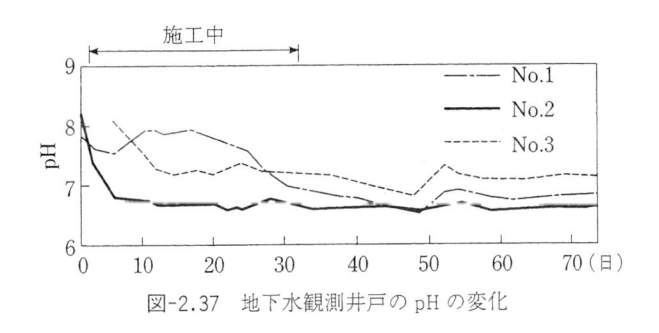

図-2.37 地下水観測井戸のpHの変化

2.6.2 共同溝埋戻しにともなう周辺地下水のpHの変化

共同溝側部を流動化処理土で埋戻す工事に際しpH観測井戸を設置し，地下水のpHの経時変化を観測した．流動化処理土による埋戻しは延長510mで，観測井戸はこの区間の共同溝の両側に5点，合計10点設けた．共同溝と観測位置の関係を図-2.38に示す．地盤は地表から3m程度までシルト質土で，以深は沖積粘土層である．山留めには鋼矢板が使われた．

結果を図-2.39に示すが，工事着工前から着工後までの地下水はpH7.0前後を記録し，pH8.6～5.8の環境基準値の範囲で推移した．

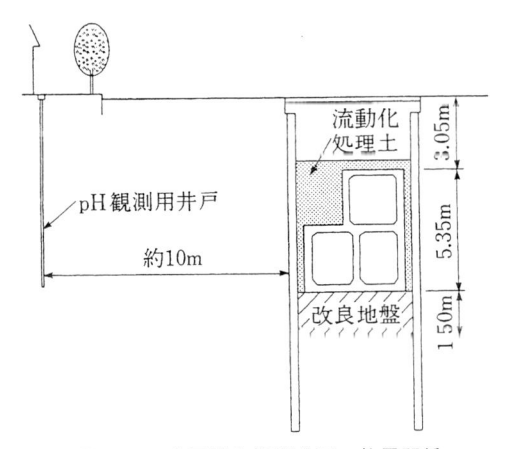

図-2.38 共同溝と観測井戸の位置関係

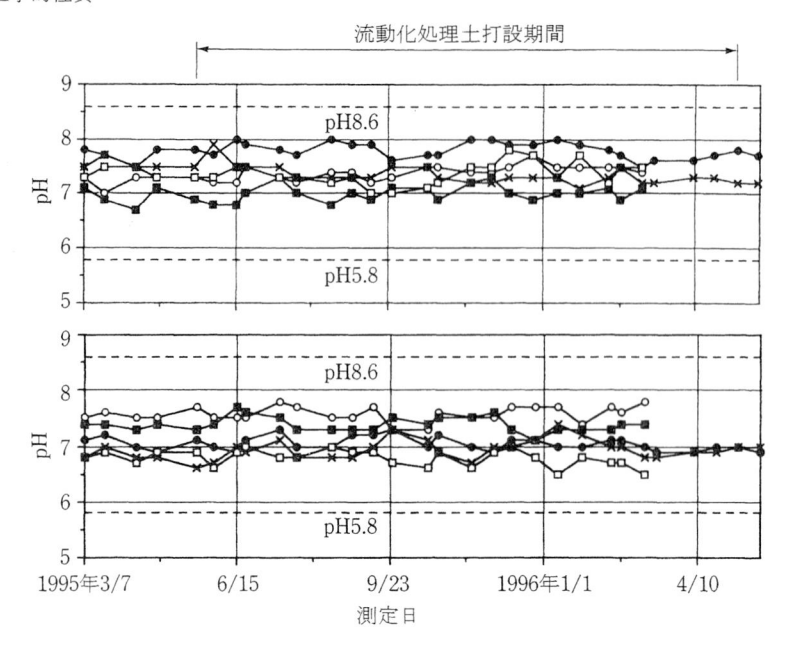

図-2.39 地下水観測井戸の pH の変化

2.6.3 テストピットにおける pH 測定

屋外のテストピットを用いて，流動化処理土による埋戻し部分周辺地盤の pH を調査した．図-2.40 に試験の概要を示す．テストピット（縦 3 m ×横 3 m ×深さ 1.2 m）内に観測孔を設置した後，山砂で埋戻した．1ヵ月放置した後，中央部を掘削し流動化処理土を打設した．このテストピットを用いて，降雨による流動化処理土からのカルシウムイオン溶出が周辺地盤に与える影響を長期にわたって観測した．

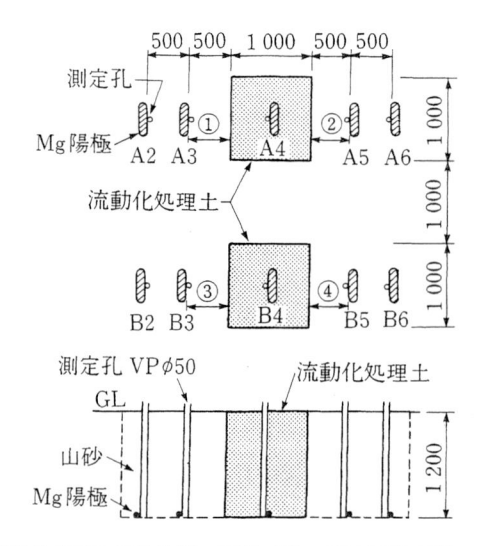

図-2.40 流動化埋戻し試験設備の配置（①～④は近傍土壌の pH 測定位置）

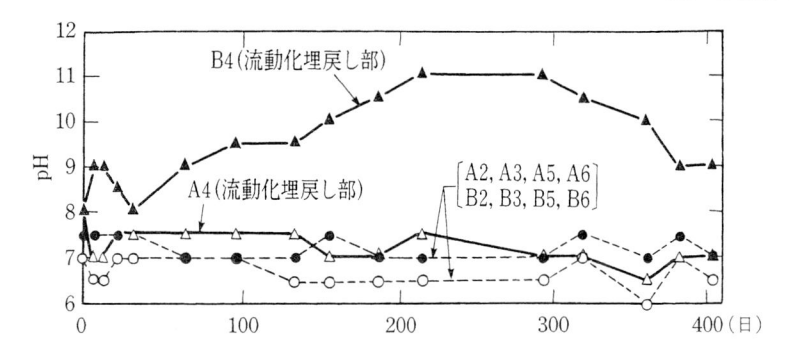

図-2.41 測定孔内土壌 pH の推移（流動化処理土初期 pH = 11.4）

表-2.8 流動化処理土近傍土壌の pH

測定位置			流動化埋戻し土表面からの距離*							経過日数
No.	方向	深さ	0 cm	1 cm	5 cm	10 cm	20 cm	30 cm	40 cm	50 cm	
①	A4 ⇒ A3	0.6 m	9.0	7.5	7.0	7.0	7.5	7.0	7.0	7.0	361
		1.0 m	10.5	7.5	7.0	7.0	7.0	7.0	7.0	7.0	
②	A4 ⇒ A5	0.3 m	11.5	7.5	7.5	7.5	7.0	7.0	7.0	7.0	293
		0.6 m	11.3	7.5	7.5	7.0	7.0	7.0	7.0	7.0	
③	B4 ⇒ B3	0.6 m	11.0	7.5	7.0	7.0	7.0	7.0	7.0	7.0	382
		1.0 m	11.0	7.5	7.0	7.0	7.0	7.0	7.0	7.0	
④	B4 ⇒ B5	0.6 m	11.0	7.5	7.5	7.5	7.0	7.0	7.0	7.0	319
		1.0 m	11.0	7.5	7.0	7.0	7.0	7.0	7.0	7.0	

（注）* 0 cm は流動化処理土表層層，1 cm は同表層にほとんど接した山砂

観測孔の底部土壌に対する pH の経時的な観測結果を図-2.41 に示す．

B4 点では採取土に流動化処理土が混ざり高い pH となったが，他は流動化処理土底部も含めて pH の上昇は観測されず，アルカリ化の現象は認められなかった．

さらに，埋戻し後 1 年経過した時点で，流動化処理土の両側を掘削し側面表層から水平方向に 50 cm までの pH 分布を確認した．結果を表-2.8 に示す．流動化処理土の表面は 1 年を経過した時点でも高い pH 値を示したが，他の部分では pH の上昇はほとんど見られない．

2.7 埋設管等に働く浮力

埋設管や地下埋設物を流動化処理土で埋戻す場合，浮力による浮き上がりが懸念される．ここでは，流動化処理土により完全に埋戻された埋設管に働く浮力を計測するために実施された実物大の模型実験の結果を示す．

図-2.42 に実験装置を示す．埋設管は 5 条×6 段の形に配置し，流動化処理土は密度と流動性の異なる 3 種類を用いた．配合は表-2.2 に示した．実験は，プラントで製造された流動化

第2章 工学的性質

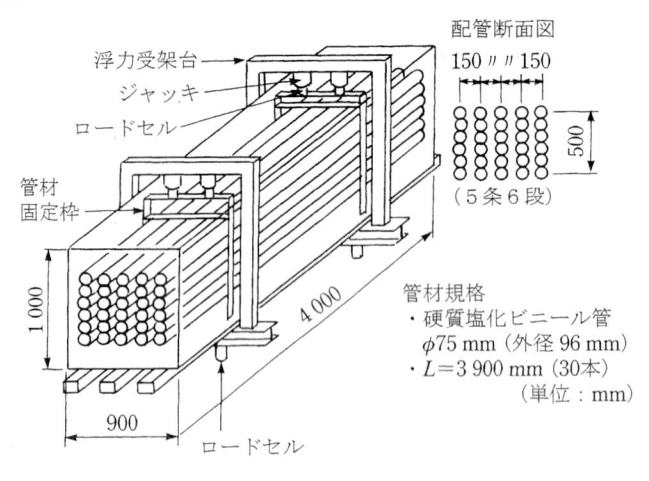

図-2.42 浮力測定実験装置

処理土をホッパーで投入し，逐次，装置の重量の増加と埋設管に働く浮力とをロードセルで計測した．

結果を図-2.43 に示す．図には流動化処理土打設重量，実測浮力，および理論浮力が示してある．理論浮力とは，流動化処理土の密度，管体容積および管体重量から求めた，理論的に作用する浮力の最大値である．

この実験の結果，次の傾向が明らかになった．
・管体総体積に対して 30（％）程度の埋戻し時点では，まだ顕著な浮力は働かない．
・フロー値が 115（mm）程度と流動性が低い場合は，実際に管に働く浮力は，理論浮力を大きく下回る
・一般によく使われるフロー値 160（mm）程度の流動性がある場合には，管に働く浮力は理論浮力とほぼ等しい．ただしその浮力は打設完了後，急速に低下する．

以上の結果から，流動化処理土による埋設管および埋設物の埋戻しには，浮き上がり対策をする必要がある．対応策として最も簡易な方法は，埋設物を一挙に埋戻すことを避ける施工上の工夫を行うことである．しかし埋戻しを短い時間で完了したい場合などには，高い流動性の流動化処理土を一気に投入する必要がある．このような場合には予め埋設物をベルトなどで固定するなどの対策を施すとよい．

(a) ケース1（フロー値115mm）

(b) ケース2（フロー値163mm）

(c) ケース3（フロー値192mm）

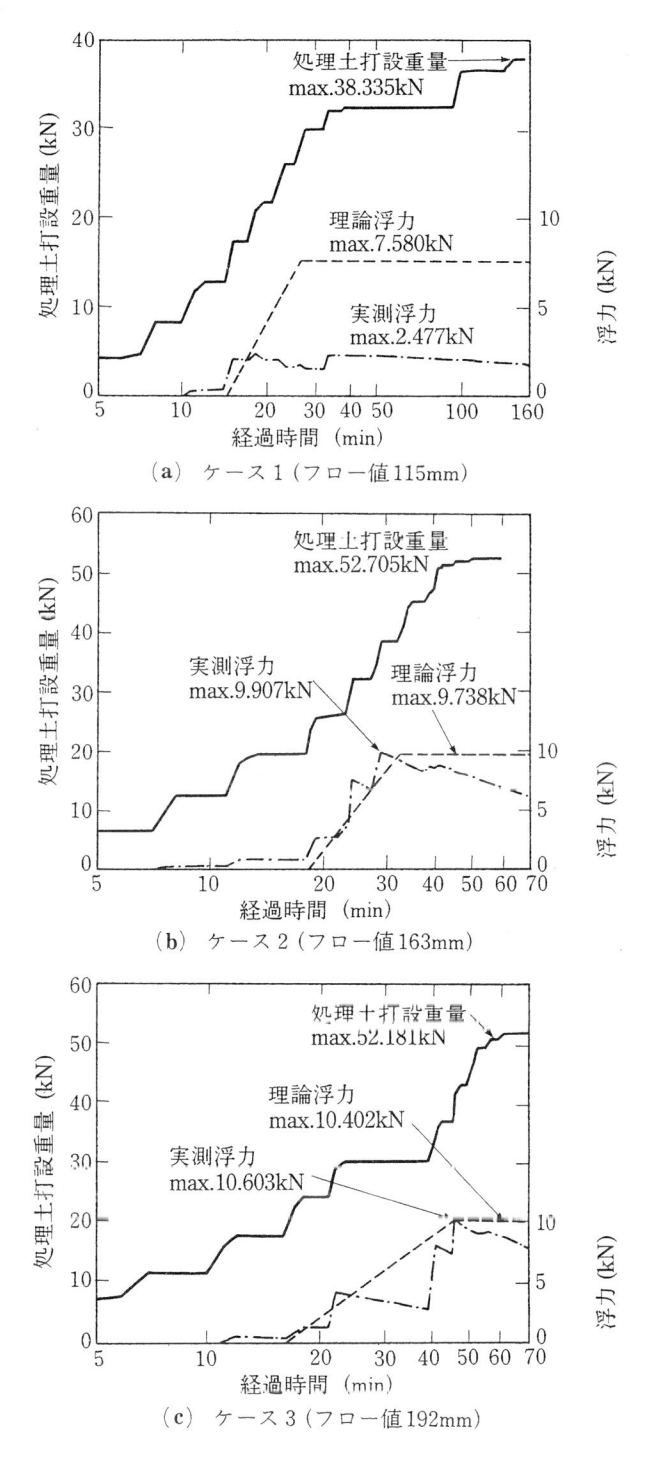

図-2.43 浮力測定結果

2.8 温度特性

流動化処理土は固化材を添加するため，固化材の水和反応時に温度が上昇する．そのため流動化処理土を大量に埋戻し・充填する場合，温度上昇が懸念されることがある．一方，寒冷地で流動化処理土を打設する場合，水和反応を維持するために，外気による流動化処理土の温度低下を考慮して打設厚さを調整することがある．このような場合，一般に，熱伝導解析による事前の温度の変動予測が行われる．そこで，解析に必要な流動化処理土の熱温度特性を把握するために実施された実験結果を以下に示す．

試験では，熱伝導率と熱拡散率を，コンクリートの温度試験で用いられるものと同一方法で求められている．

図-2.44 に断熱温度上昇試験の結果を，終局断熱上昇量と固化材添加量および打設温度との関係で示す．図中の係数は，以下に示す断熱温度上昇の近似式で使う係数である．

$$Q(t) = Q_{max}(1 - \mathrm{Exp}\{-r \cdot t_s\})$$

ここに，Q_{max} は最終断熱温度上昇（℃），t は経過時間，r および s は温度上昇速度に関する係数，である．

この図から，砂質土系（砂質土に調整泥水を加えて製造）の流動化処理土と粘性土系（粘性土を用いて製造）の流動化処理土とでは，傾向が異なることがわかる．固化材添加量と打設温度が影響因子であることも理解できる．温度上昇量は固化材添加量 10 kg/m³ 当り，砂質土を原料土とする流動化処理土で 1.0 ℃，粘性土を原料土とする流動化処理土で 0.7 ℃ 程度となった．

図-2.45 に熱伝導率の試験結果を示す．図中，$p = 0.29$ は泥水混合比，C はセメント添加量（kg/m³），T は打設温度を表す．この図から流動化処理土の熱伝導率は，固化材添加量や打設温度にはあまり影響を受けないことがわかる．また熱伝導率は，砂質土系の流動化処理土

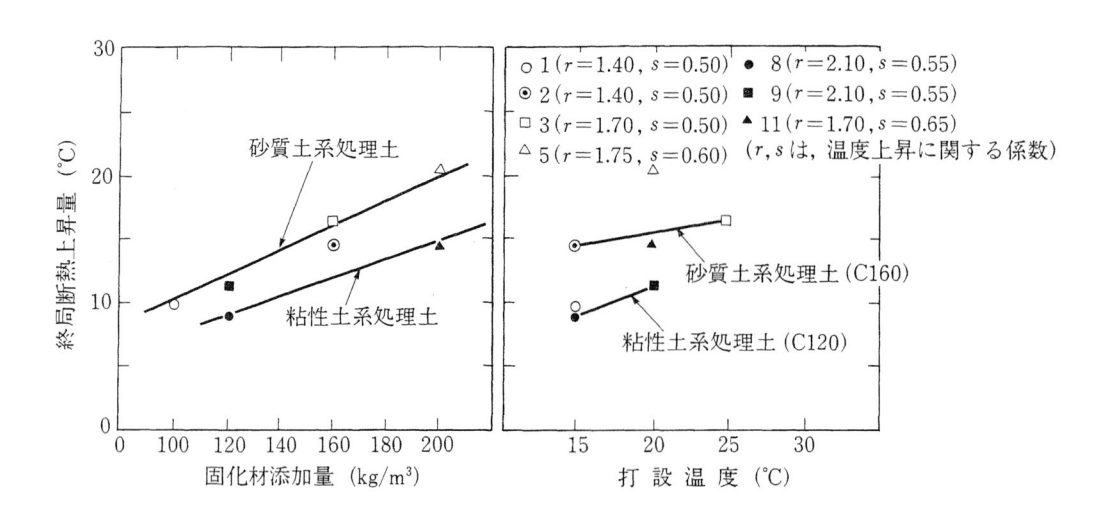

図-2.44 断熱温度上昇試験結果

2.8 温度特性

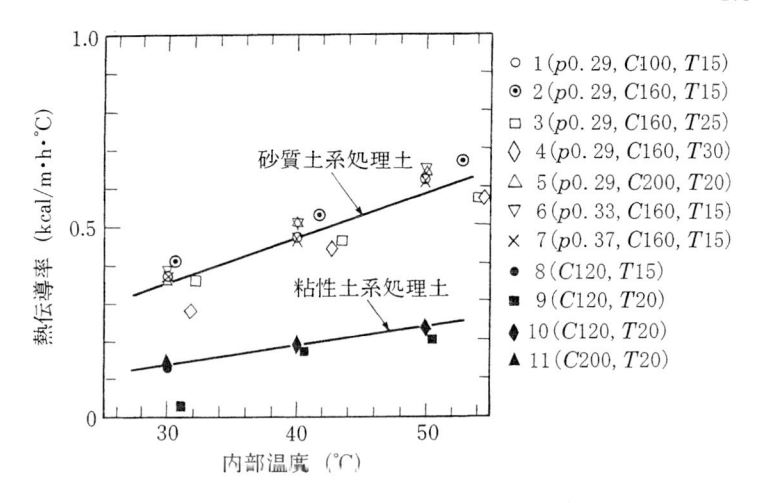

図-2.45 熱伝導率試験結果

表-2.9 熱拡散率試験結果

処理土の種類	泥水密度 (g/cm³)	泥水混合比	固化材添加量 (kg/m³)	打設温度 (℃)	熱拡散率 (×10⁻⁵ m²/h)
砂質土系 (砂質土＋調整泥水)	1.11	0.29	100	20	190
			160	15	143
			160	25	140
			160	30	182
			200	20	180
		0.33	160	15	178
		0.37	160	15	165
粘性土系	1.30	—	120	15	66
			120	20	65
			160	20	69
			200	20	67

は0.4～0.6の範囲となり，粘性土系の流動化処理土は0.2程度となる．

一般に土の熱伝導率は0.5，コンクリートは0.5～0.6程度であることが知られており，砂質土系の流動化処理土はこれらとほぼ同程度である．一方，粘性土系の流動化処理土は熱伝導率が土やコンクリートよりも低い傾向にある．

表-2.9に熱拡散率試験の結果を示す．表から固化材添加量と打設温度は，拡散率にあまり影響を与えないことがわかる．また砂質土系の流動化処理土は140～190×10⁻⁵ m²/h，粘性土系の流動化処理土が70×10⁻⁵ m²/h程度となっており，コンクリートの熱拡散率444×10⁻⁵ m²/h程度と比べて小さい値となっている．

第3章 設計

3.1 設計手順

流動化処理土の設計手順を,「地下構造物等の埋戻し」もしくは「地下空洞等の充填」の手順を例に用いて以下に示す.

初めに,配合設計を行うために必要な工事条件を検討する.このとき「形状」「施工条件(運搬・打設)」「荷重条件」「供用開始時間」などの項目について検討する.次に,検討して得られた事項を考慮して,流動化処理土の流動性,強度,強度発現時間などの要求品質を設定する.最後に,要求品質を満足する配合を室内配合試験により求める.

```
地下構造物等の埋戻し                    地下空洞等の充填
┌─────────────┐                ┌─────────────┐
│ 工事条件の検討 │                │ 工事条件の検討 │
└─────┬───────┘                └─────┬───────┘
      │                              │
  ・形状(深さ,広さなど)         ・形状(深さ,広さ,奥行など)
  ・運搬・打設条件                  ・充填施工条件
  ・荷重条件(作用荷重)            ・荷重条件(作用荷重)
  ・地下水の有無                    ・地下水の有無
  ・供用開始時間(養生時間)
      │                              │
┌─────────────┐                ┌─────────────┐
│ 要求品質の設定 │                │ 要求品質の設定 │
│ ・強度の設定   │                │ ・強度の設定   │
│ ・埋戻し形状や施工条件に応じた │ ・埋戻し形状や施工条件に応じた │
│   流動性の設定 │                │   流動性の設定 │
└─────┬───────┘                └─────┬───────┘
      │                              │
┌─────────────┐                ┌─────────────┐
│   配合設計     │                │   配合設計     │
└─────┬───────┘                └─────┬───────┘
  ・室内配合試験                    ・室内配合試験
┌─────────────┐                ┌─────────────┐
│   配合決定     │                │   配合決定     │
└─────┬───────┘                └─────┬───────┘
      施工へ                          施工へ
```

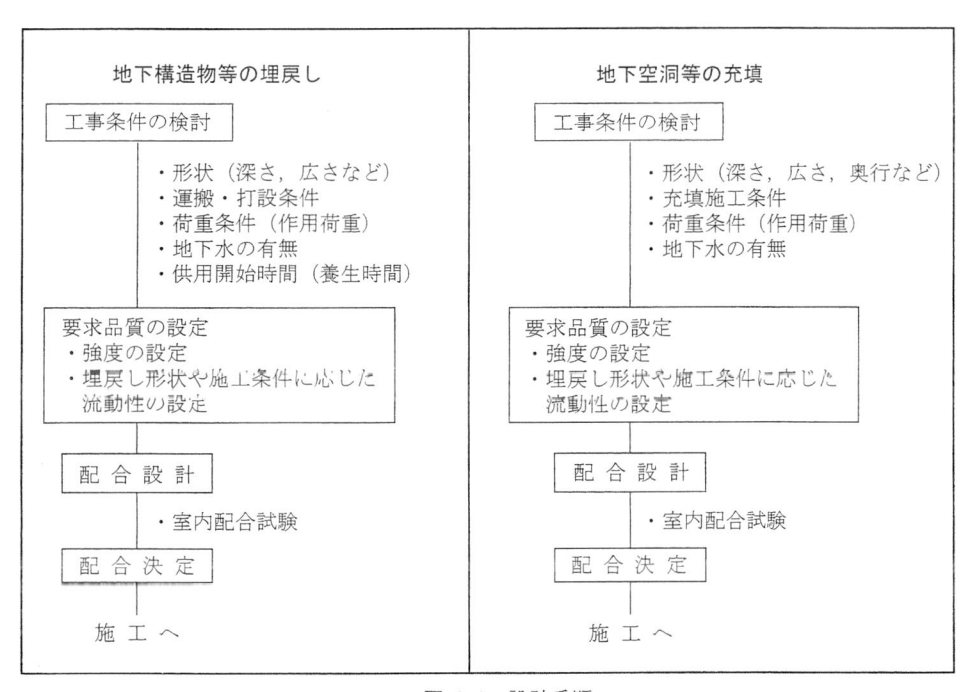

図-3.1 設計手順

3.2 工事条件の検討

工事条件として最も重要な条件は,主材(原料土)となる発生土(建設汚泥を含む)の土性で,これにより配合試験の回数や発生土単体での泥状土製造と調整泥水と砂質系の土との混合による泥状土製造の選択を判断する.発生土の種類が限られているときは,それにより製造される流動化処理土の湿潤密度が制限されることもある.

第3章 設　　計

　次に，流動化処理土の製造ヤードと埋戻し現場の位置関係，埋戻し土量が施工上，重要な条件になる．製造ヤードと埋戻し現場は，近いほうが施工上有利だが，都市部でのヤードの確保は難しい．埋戻し土量も製造プラントの稼動性に関連して，大量の埋戻しには規模の大きな製造ヤードが必要になる．これらの条件に応じた施工方法は，**第4章「施工」**に紹介されている．

　そのほか，流動化処理土の要求品質を決めるために考慮すべき工事条件には，埋戻し対象の形状と運搬距離などがあり**表-3.1**にまとめて示す．

　荷重条件については，例えば，流動化処理土の上に荷重が加わる場合は，上載荷重を自重荷重に加えて考慮する必要がある．拡幅盛土などの土構造物の一部として使われる場合にはせん断応力が加わるので，内部荷重として考慮する必要がある．立坑の埋戻しに使われる場合は，切梁の撤去にともない引張応力が加わることも想定される．このように，埋戻し裏込めの対象となる空間に加わる荷重を予め検討する．

表-3.1　工事条件の設定

工事条件	検討内容	備考
発生土（主材）の種類	①または②の選択と配合設計方針の決定	①泥状土＋固化材
		②調整泥水＋発生土＋固化材
運搬	運搬時フロー値低下量の決定	2.2.4　経過時間にともなうフロー値低下
打設	直投またはポンプ圧送	2.2.2　フロー値と流動勾配 2.2.3　フロー値とポンプ圧送性
形状	断面閉塞の流動性と強度，仕切り板の設置	
充填	天端充填の流動性，空気抜き，出来形確認	
供用開始時間	即日復旧の強度発現，リフトの工程と強度発現	1.3.1　用語の説明（混和剤） 2.1.1　一軸圧縮強さと時間
地下水の有無	水中打設の粘性評価，水替え作業，施工工夫	水中分離防止混和剤の利用，トレミ管打設

3.3　要求品質の設定

　流動化処理土を各種用途に適用する場合の，用途別の要求品質（案）を**表-3.2**に示す．埋戻し，裏込め，充填等に用いる流動化処理土の品質は，強度，密度，流動性，ブリーディング率（材料分離抵抗性）で評価する．要求品質の設定にあたっては，施工条件や適用用途箇所の重要度なども十分に考慮する必要がある．以下に要求品質の設定手順を示す．

3.3 要求品質の設定

表-3.2 用途別の要求品質(案)

用途	適用対象	品質項目	品質規定
地下構造物の埋戻し	共同溝躯体,建築地下部,地下駐車場,地下鉄駅舎,開削地下鉄,開削トンネル,ボックスカルバートなど	フロー値(流動性)	110 mm 以上(打設時)
		ブリーディング率(材料分離性)	1%未満
		処理土の湿潤密度	1.5 g/cm³ 以上
		一軸圧縮強さ	300 kN/m² 以上 (ただし,密度 1.60 g/cm³ 以上の場合は 100 kN/m² 以上)
土木構造物の裏込め	擁壁,橋台など	フロー値(流動性)	110 mm 以上(打設時)
		ブリーディング率(材料分離性)	1%未満
		処理土の湿潤密度	1.6 g/cm³
		一軸圧縮強さ	100 kN/m² 以上
地下空間の充填(閉塞)	廃坑や坑道の充填	フロー値(流動性)	200 mm 以上(打設時)
		ブリーディング率(材料分離性)	3%未満
		処理土の湿潤密度	1.4 g/cm³ 以上
		一軸圧縮強さ	300 kN/m² 以上 (ただし,密度 1.60 g/cm³ 以上の場合は 100 kN/m² 以上)
小規模空洞の充填	路面下空洞,構造物背面の空洞,廃管内部など	フロー値(流動性)	200 mm 以上(打設時)
		ブリーディング率(材料分離性)	3%未満
		処理土の湿潤密度	1.4 g/cm³ 以上
		一軸圧縮強さ	300 kN/m² 以上 (ただし,外力が作用しない場合は 100 kN/m² 以上)
埋設管の埋戻し	ガス管,上下水道管など	最大粒径	管周り 13 mm 以下
		フロー値(流動性)	140 mm 以上(打設時)
		ブリーディング率(材料分離性)	3%未満
		処理土の湿潤密度	1.40 g/cm³ 以上
		(後日復旧) 一軸圧縮強さ	(車道下) 交通開放時 130 kN/m² 以上 28日後 200〜600 kN/m² (歩道下) 交通開放時 50 kN/m² 以上 28日後 200〜600 kN/m²
埋設管の受け防護	ガス管,上下水道管など	フロー値(流動性)	110 mm 以上(打設時)
		ブリーディング率(材料分離性)	1%未満
		処理土の湿潤密度	1.4 g/cm³ 以上
		一軸圧縮強さ	300 kN/m² 以上 (ただし,密度 1.60 g/cm³ 以上の場合は 100 kN/m² 以上)
基礎周辺の埋戻し	橋脚基礎,杭基礎周辺部など	フロー値(流動性)	110 mm 以上(打設時)
		ブリーディング率(材料分離性)	1%未満
		処理土の湿潤密度	1.6 g/cm³ 以上
		一軸圧縮強さ	100 kN/m² 以上

第3章 設　　計

大口径埋設管の埋戻し		フロー値(流動性)	110 mm 以上(打設時)
		ブリーディング率(材料分離性)	1%未満
		処理土の湿潤密度	1.6 g/cm³ 以上
		一軸圧縮強さ	200 kN/m² 以上
建物の基礎部	ラップルコンクリートの代用	フロー値(流動性)	110 mm 以上(打設時)
		ブリーディング率(材料分離性)	1%未満
		処理土の湿潤密度	1.8 g/cm³ 以上
		一軸圧縮強さ	必要強度の3倍以上
水中構造物の埋戻し	水中盛土，護岸擁壁背面部	フロー値(流動性)	110 mm 以上(打設時)
		ブリーディング率(材料分離性)	1%未満
		処理土の湿潤密度	1.4 g/cm³ 以上
		一軸圧縮強さ	400 kN/m² 以上 (ただし，不透水化処理をした場合は 200 kN/m² 以上)
シールドトンネルインバート部	地下鉄シールド部の道床下(列車荷重を支持する場合)	フロー値(流動性)	110 mm 以上(打設時)
		ブリーディング率(材料分離性)	1%未満
		処理土の湿潤密度	1.6 g/cm³ 以上
		一軸圧縮強さ	6 000 kN/m² 以上

備考
①現場掘削土を再利用する条件が与えられ，品質規定で示される所要の湿潤密度が配合で達成できないときは，現場掘削土で流動性等の所要の品質が満たされる最大の湿潤密度を規定値とする．
②主材となる発生土(建設汚泥を含む)は汚染土を除き，建設現場から発生する総ての土が使えるが，経済面からは低品質の建設発生土(第3種・第4種)および泥土(建設汚泥を含む)を再生利用すると有利になる．発生土の最大粒径は最大 φ40 mm まで使用することができるが，材料分離の観点から調整泥水が必要になる．
③再掘削を前提とするときは一軸圧縮強さを 600 kN/m² 以下，最大でも 800 kN/m² 以下とするよう強度発現を調整する．
④流動化処理土が海水や池の水に直接触れる環境にある場合は透水係数を改良したり混和剤により撥水性を改良したりする配合を考慮する．
⑤フロー値が 110 mm から 140 mm のときは流動勾配が大きくなるので，施工にあたり打設エネルギーを加える等の工夫が必要になる．
⑥上記の要求品質の設定にあたっては，施工条件や適用箇所の重要性なども十分考慮する必要がある．

3.3.1 強度の設定

　流動化処理土の強度は通常，材齢 28 日時の一軸圧縮強さで評価する．流動化処理土の強度には，主に固化材添加量と細粒土含有量が影響する．なお，道路路床部に用いる場合などは CBR で評価することもある．その場合，基本的には CBR 試験を実施する必要があるが，一軸圧縮強さと CBR との関係（図-2.6 および図-2.7）を用いて，一軸圧縮強さから CBR を推定することも可能である．
　流動化処理土の固化強度は，適用用途に応じて固化材の添加量を変化させることにより調整できる．ここでは，流動化処理土の適用用途として最もよく用いられる埋戻し材としての強度設定について述べる．埋戻し材としての強度設定に際しては，以下のような事項を考慮して設定する必要がある．
①自重や載荷重により流動化処理土の破壊や圧縮沈下が生じないこと
　　流動化処理土が自重や載荷重により破壊したり圧縮沈下したりしないためには，流動化

処理土の強度が土被り圧よりも十分に高い必要がある．例えば，単位体積重量密度 16 kN/m³ の流動化処理土を 10 m の高さに埋戻した場合，流動化処理土には最大約 160 kN/m² 程度の土被り圧が，水平方向の変位を拘束された条件下で加わることになる．その際，偏差応力は土被り圧の約 50 ％程度となる．この値を一軸圧縮強さと比較して，一軸圧縮強さが土被り圧の偏差応力以上であれば，破壊や圧縮が防げると考えられる．

②路床，路体としての要求強度を満足すること

路床部に用いる場合には，規定の CBR を満足する必要がある．その場合，基本的には CBR 試験を実施する必要がある．また路体の場合には，周辺の地山と同程度以上の強度を確保する必要がある．

③再掘削が可能なこと

埋設管の埋戻しなどで再掘削があると想定される場合には，強度が大きくなりすぎて再掘削が困難にならないよう注意する必要がある．バックホーで容易に再掘削可能な強度としては，一軸圧縮強さで 500～1 000 kN/m² 程度までである．

④荷重を適切に伝達すること

埋戻し・充填される流動化処理土は，構造物と地山の間にあって両者の荷重を相互に伝達する役目を担う．このため確実に地山程度の強度である必要がある．

3.3.2 流動性の設定

流動化処理土の流動性は，通常，日本道路公団基準「エアモルタルおよびエアミルクの試験法（JHS A 313）」により評価する．

埋戻しや空洞充填に用いる場合の流動性の目安としては，ポンプ圧送性や施工性を考慮してフロー値で 140 mm 程度以上とすることが多い．ただし，現場にホッパーなどを用いて直接投入する場合や，打設箇所の形状が狭小・複雑でなくそれほど高い流動性が必要とされない場合には，これよりも低いフロー値でも施工可能なこともある．また坑道の埋戻しなどで，通常の流動性の流動化処理土で埋戻しを行った後に，残された非常に狭小な隙間などを充填して仕上げる際などは，フロー値 300 mm 程度以上の流動化処理土をポンプ圧送すると非常に高い充填性が得られる．

第 2 章に示した図-2.19 および表-2.4 でフロー値と流動化処理土が流れる勾配の関係を，図-2.22 でフロー値とポンプ圧送圧力，そして図-2.23 で圧送距離と圧力の関係などを参照するとよい．

なお，製造時のフロー値は，製造から打設までの流動性の経時変化を考慮して，予め低減分を見込んで設定する．

3.3.3 ブリーディング率（材料分離抵抗性）

流動化処理土中の土砂や固化材が分離するか否かを確認するため，ブリーディング率による管理を行う．ブリーディング率は，通常，土木学会基準「プレパックトコンクリートの注入モルタルのブリーディング率および膨張率試験法（ポリエチレン袋方法）」（JSCE-F522）により測定する．ブリーディング率 1 ％未満であれば泥水中の砂分の沈降を抑制できることが実験的

に確かめられており,目標値をブリーディング率1％未満とすることが多い.

3.3.4 湿潤密度の設定

　流動化処理土を埋戻しに適用する場合も,「良質土を十分に締固めて土粒子の間隙を小さくし,密実化させることで将来的にも沈下の少ない安定した土構造物を構築する」という土工の基本的な考え方を踏襲する.流動化処理土は,固化強度の化学的安定により載荷荷重などに抵抗するが,これは「物理的安定をもって各種外力に抵抗する」良質土の埋戻しと異なる.物理的安定に代わり化学的安定をもって性能を確保することになるが,現段階では長期的な安定が必ずしも十分に確認されていないため,何らかの方法で性能を確保できるように配慮することが望ましい.

　一方,密実な流動化処理土はせん断破壊時において固化強度以上のせん断抵抗を示すことや,破壊ひずみが大きく変形特性が改善され密度効果によってより安全性が高まることが実験により確認されていることから,以下の事項に留意して密度を設定する.

①将来的な圧縮沈下

　　載荷重により圧縮沈下しないためには,短期的には固化強度を大きくすることで対処できる.しかし,長期的には何らかの事由で強度が劣化するとも限らない.

　　そこで重要な構造物の埋戻しなどに用いる場合には,長期的な安定性も重要であることから,せん断破壊時において強度変形特性に優れる間隙比 $e=1.5$ 以下(密度に換算するとおおむね $1.6g/cm^3$ 以上)の流動化処理土を適用する.

②対象構造物の設計で想定している土質定数(構造物の埋戻しに適用する場合)

　　埋戻しに用いる場合,周辺地盤と同等の強度・変形特性が要求される.特に,構造物の設計において用いられる周辺地盤の地盤反力係数を確保することが必要となる.

③適用用途

　　作用する荷重が小さい部分の充填等に適用する場合は,長期的な劣化を考慮しても安定性に余裕があると考えられるため,化学的安定のみを考慮すればよい.

　　なお,密度は圧縮やせん断強度としての性能だけでなく,耐久性や透水係数や熱伝導率に関連するため乾湿繰り返し試験や透水試験,地中送電線周辺の埋戻しに用いられる土壌固有熱抵抗試験(G値または熱抵抗値)により規定されることもある.

3.4 配合試験と配合決定

3.4.1 配合試験

　要求品質が設定されると,所要の品質を満たす主材(原料土),固化材および水の量,ならびに湿潤密度調整のため粗粒土の添加率を配合試験により求める.流動化処理土の配合試験の手順を図-3.2に示す.

3.4 配合試験と配合決定

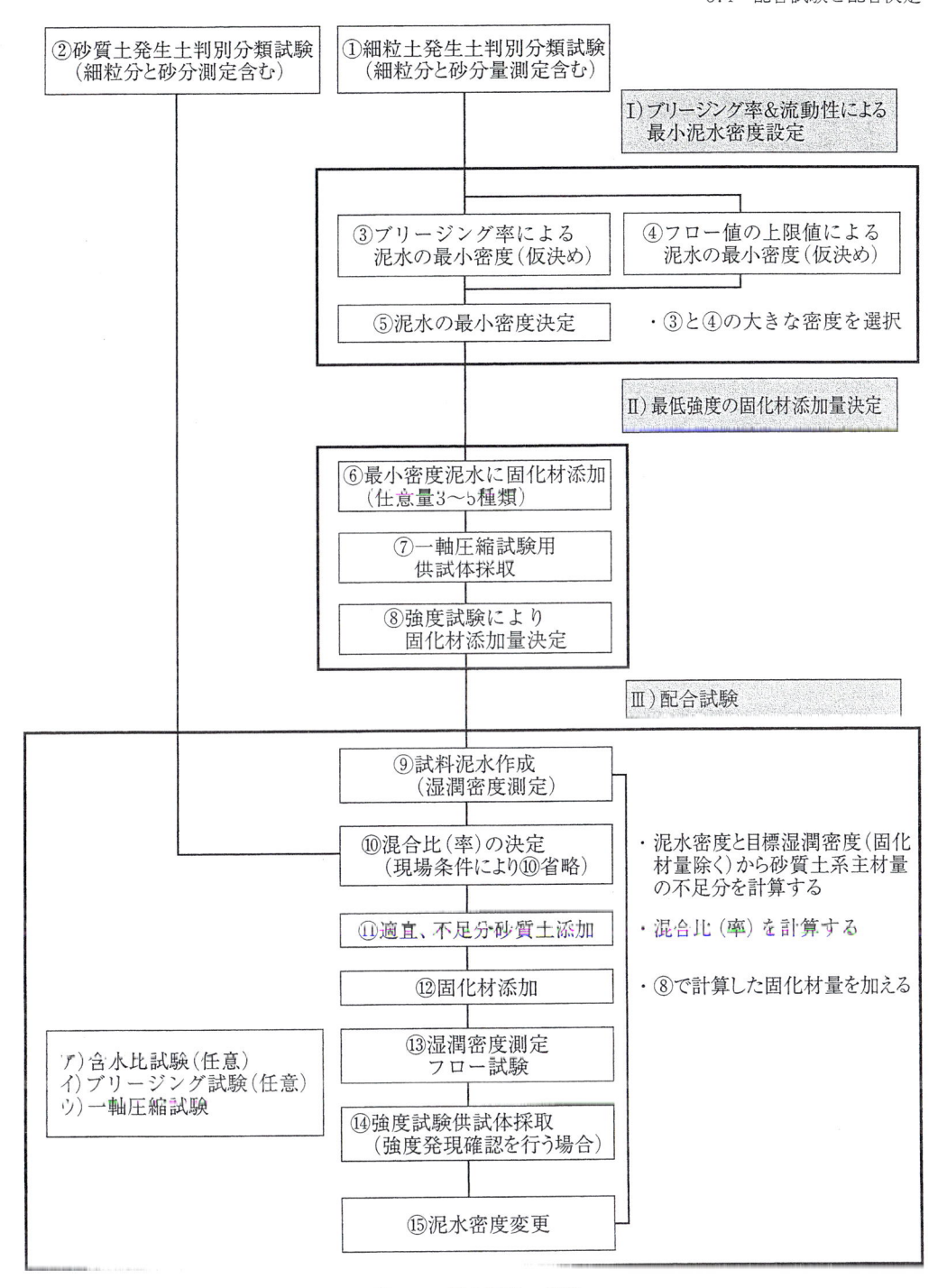

```
②砂質土発生土判別分類試験        ①細粒土発生土判別分類試験
　（細粒分と砂分測定含む）          （細粒分と砂分量測定含む）

                                    Ⅰ）ブリージング率＆流動性による
                                       最小泥水密度設定

                    ┌─────────────────────────────────┐
                    │ ③ブリージング率による    ④フロー値の上限値による│
                    │   泥水の最小密度(仮決め)   泥水の最小密度(仮決め)│
                    │ ⑤泥水の最小密度決定    ・③と④の大きな密度を選択│
                    └─────────────────────────────────┘

                                    Ⅱ）最低強度の固化材添加量決定

                    ┌─────────────────────────────────┐
                    │ ⑥最小密度泥水に固化材添加                    │
                    │   (任意量3～5種類)                          │
                    │ ⑦一軸圧縮試験用                             │
                    │   供試体採取                                │
                    │ ⑧強度試験により                             │
                    │   固化材添加量決定                           │
                    └─────────────────────────────────┘

                                    Ⅲ）配合試験

                    ┌─────────────────────────────────┐
                    │ ⑨試料泥水作成                               │
                    │   (湿潤密度測定)                            │
                    │ ⑩混合比(率)の決定        ・泥水密度と目標湿潤密度(固化│
                    │   (現場条件により⑩省略)    材量除く)から砂質土系主材量│
                    │                            の不足分を計算する        │
                    │ ⑪適宜、不足分砂質土添加   ・混合比(率)を計算する      │
                    │ ⑫固化材添加              ・⑧で計算した固化材量を加える│
    ┌──────────┐ │ ⑬湿潤密度測定                               │
    │ ｱ)含水比試験(任意)│ │   フロー試験                               │
    │ ｲ)ブリージング試験(任意)│ ⑭強度試験供試体採取                         │
    │ ｳ)一軸圧縮試験 │ │   (強度発現確認を行う場合)                   │
    └──────────┘ │ ⑮泥水密度変更                               │
                    └─────────────────────────────────┘
```

図-3.2 配合試験の手順

　配合手順の第1段階として，ブリーディング率を確保するための泥水の最小湿潤密度を求める．ここで求まる泥水の最小湿潤密度により，ブリーディングの品質を確保する配合が決まる．このとき流動性の上限値を使い泥水の最小湿潤密度を求めることもできる．

配合手順の第2段階として，最小湿潤密度の泥水に対して必要固化強度を確保するための固化材添加量を求める．最小湿潤密度の泥水に固化材添加量をパラメータとして数種類の供試体を作製し，一軸圧縮試験を実施する．一軸圧縮強さと固化材添加量の関係を整理して，所要の強度を得るために必要な固化材添加量を決める．

第3段階として，固化材を含む流動化処理土の湿潤密度をパラメータとして一軸圧縮強さ（固化強度）と湿潤密度の関係を求める．まず主材（原料土）に少量の水を加え，流動状態とする．フロー値の下限値が決まっている場合は，その状態になるまで水を加え流動性を整える．この泥水に固化材を加え，試料泥水とする．

この状態の泥水は水が少なく密実で，流動化処理土に品質として求められる湿潤密度を越えていることが多い．密度 1.3 g/cm³ 程度の泥水を使う場合は，粗粒土の添加量を決めるため計算により粗粒土混合比（率）を求め，適宜，粗粒土追加する．このあと図に示すような一連の配合試験を実施する．泥水の湿潤密度をパラメータとしているので，適宜，試料泥水に加水して，試験を繰り返す．

3.4.2 配合の決定

求める配合は，配合設計基準図を作成することにより決まる．沖積粘土の配合試験結果により作成した配合設計基準図を，例として図-3.3に示す．

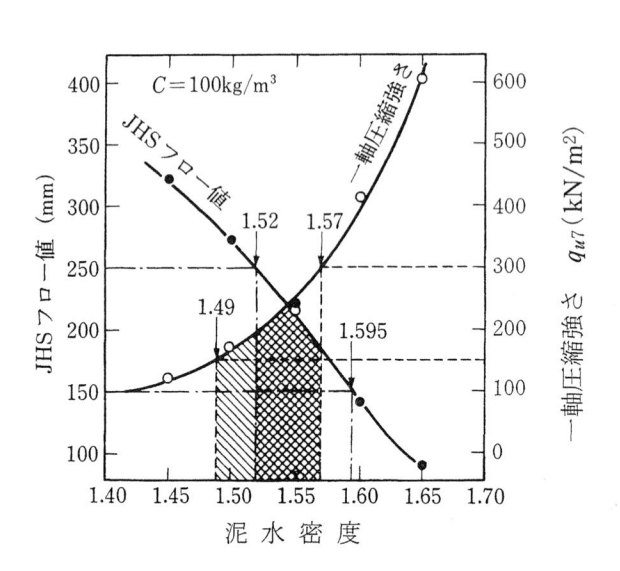

図-3.3 配合設計基準図（泥水混合率100％の場合）

フロー値と一軸圧縮強さについては，要求品質として上限値と下限値が指定されることが多い．指定された上限と下限の数値を配合設計基準図の縦軸にマークして，この数値に対する泥水の湿潤密度の範囲を求め2つの品質の重複する範囲を絞り込む．

配合決定の手順を固化材添加量100 kgの場合を，例として以下に示す．まず現場の要求品質を打設時のフロー値 150～250 mm，材齢7日時の一軸圧縮強さ 150～300 kN/m² とする．この要求品質の範囲を配合設計基準図に線引きする．するとフロー値 150～250 mm に対して泥水の湿潤密度が 1.595～1.52 g/cm³ として得られる．次に，一軸圧縮強さ 150～300 kN/m² に対して，泥水の湿潤密度が 1.49～1.57 g/cm³ として得られる．示された範囲の中心値が目的の泥状土の配合となり，主材（原料土）と水，および固化材の量が決まる．製造段階では，この湿潤密度の範囲が 1.52～1.57 g/cm³ に収まれば泥状土として所要の品質が確保される．

なお，ブリーディング率で配合が決まる場合には，フロー値の替わりにブリーディング率と，一軸圧縮強さを縦軸，湿潤密度を横軸にとり，要求を満たす範囲を決める．

3.5 強度に関する安全率の考え方

強度に関する安全率の考え方を，埋戻し材として用いる場合を例として以下に示す．

地盤改良工事では，地盤の土性について大きな変動リスクがあるが，流動化処理土の原材料はストックヤードに集積された時点でおおよその土性を把握することができるので，変動リスクが相対的に小さい．そこで埋戻し材として求められる必要最低強度f_cに対して，用途別品質規定で示される設計基準強度F_cを数10％程度，任意に割り増して，かつラウンドナンバーで決める．ラウンドナンバーは，過去の強度品質に対する変動率を考慮して100 kN/m^{2}ごととするのが一般的だが，精度のよい品質管理が可能なら50 kN/m^{2}ごととすることもできる．

例えば，地下10 mに埋戻される流動化処理土を考慮して，設計基準強度F_cを求める．静止土圧の条件を仮定すると流動化処理土には，鉛直方向に土被り圧（$\sigma_v = \gamma_t \times z$）と水平方向に静止土圧（$K_0 \times \sigma_v$）が作用する．この状態で平均圧縮応力$\sigma_p$は，静止土圧係数を0.5と仮定して以下のようにして求まる．

$$\sigma_p = f_c = \frac{\{\gamma_t \times z + 2 \times K_0 \times \gamma_t \times z\}}{3} = \frac{\{16 \times 10 + 2 \times 0.5 \times 16 \times 10\}}{3} = 107 \, (\text{kN/m}^2)$$

σ_pが，この荷重条件に対する必要最低強度f_cとなる．この値に対する流動化処理土の体積圧縮強度σ_c'は式（2.5）により以下となる．

$$f_c > \sigma_p = 107 \, (\text{kN/m}^2) = \sigma_c' = 0.9 \times q_{u28} = 0.9 \times 119 \, (\text{kN/m}^2)$$

したがって，必要となる一軸圧縮強さは119 kN/m^{2}となり，この値をラウンドナンバーになるよう考慮して割り増して設計基準強度150 kN/m^{2}が決定される．この例では，割増率が25％程度になる．

設計基準強度150 kN/m^{2}を式（2.5）に代入すると，体積圧縮強度は135 kN/m^{2}となる．つまり

$$平均圧縮応力(107 \, \text{kN/m}^2) < 体積圧縮強度(135 \, \text{kN/m}^2)$$

となり，設計基準強度F_c 150 kN/m^{2}が十分な安全性を確保していることになる．せん断応力とせん断強度についても同様の関係が成り立ち，十分な安全性が確保されていることになる．このように設計基準強度F_cを任意に割り増して設定し，安全性を確保する．

また，流動化処理土の配合決定の方法と製造管理基準値により製造される処理土の強度は安全側に誘導されている．すなわち，図-3.3に示す配合設計基準図と配合決定の手順で述べたように，流動化処理土の配合（泥状土密度の決定）は，一軸圧縮強さとフロー値の要求品質を同時に満たす泥水密度の範囲を決めて，その中心値を標準配合としている．この方法によれば，例えば図に示すように，流動化処理土の固化強度の範囲は150～300 kN/m^{2}なっているが，設計基準強度F_cを150 kN/m^{2}として，製造現場では泥状土密度の範囲の中心値を保つよう製造管理するので，確率的に泥状土密度の中心値に対応する固化強度225 kN/m^{2}が最多頻度の値となる．

これらにより，製造され打設された流動化処理土の現場強度発現が発生土などに起因する品質のばらつきなどで強度低下しても，埋戻し材として求められる必要最低強度f_cを確保する

ことができる．

　泥状土の密度管理による品質管理試験結果（現場強度）の例を図-3.4 に示す．必要最低強度 f_c は 106 kN/m² が想定されている．設計基準強度 F_c は 200 kN/m² としており，流動性から決まる固化強度の上限値は 500 kN/m² となっている．最後に，配合設計による泥水密度の中心固化強度は 350 kN/m² となる．これに対して現場強度は，配合設計の固化強度を中心として正規分布を描いて，総ての測定結果が必要強度を満たしている．

　この品質管理結果のヒストグラムに見るように，流動化処理土の主材となる発生土や泥土などの原材料のばらつき，製造時の計量誤差や調整誤差等は避けられないが，配合設計にもとづき泥状土を適切に管理すれば，必要最低強度 f_c は十分に確保される．流動化処理土の強度に関するいわゆる安全率は，品質規定の割り増しと配合設計の余裕に含まれていている．

　なお，構造材料として用いる場合など流動化処理土の適用用途によっては別途安全率を設定することがある．このとき配合設計の設計基準強度 F_c を変動係数や不良率を考慮して必要最低強度 f_c に対して安全率を 3 倍以上に設定して配合強度とする．安全率は，変動係数が主に土質や要求強度に依存する傾向にあることを念頭に，また用途の特性を考慮して決める．

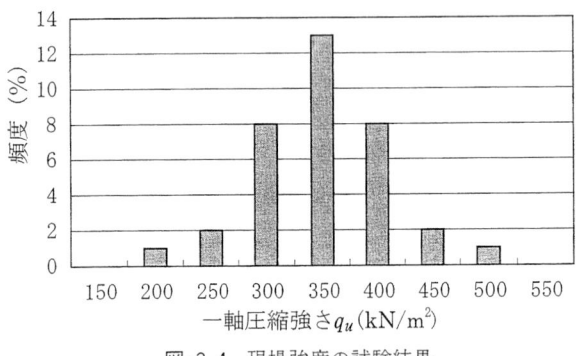

図-3.4　現場強度の試験結果

第4章 施 工

4.1 施工の概要

　流動化処理工法の施工とは，建設発生土を用いて流動化処理土を製造し，直接あるいはポンプ圧送などで流し込みにより埋戻し・裏込め・充填する工事を実施することである．この章では主に，現場に流動化処理プラントを設営し現場発生土を使う現地プラント方式による施工を中心に説明する．

4.1.1 施工の手順
　標準的な施工の手順を図-4.1に示す．

4.1.2 施工計画
（1）現地調査
　現地調査は，主に以下に示す項目について行う．

1) 埋戻し施工箇所の調査

　埋戻し施工箇所における現地調査では，埋戻し対象物の埋設位置や周辺状況を観察し，同時に作業スペースが確保できるか，確認する．道路占有許可時間や作業時間帯なども併せて調査する．また現地踏査により周辺の地形，地質，地下水，地下埋設物などの状況を確認する．

2) 既存資料の収集

　ボーリング資料などにより，周辺地盤の強度などの情報を入手する．また本体工事設計図書などを入手して，地下埋設物などの有無を確認する．

図-4.1 標準的な施工の手順

3) プラントヤードに関する調査

　打設現場近くにおいて，プラントヤードとして利用可能な敷地を調査する．敷地の必要面積が打設現場近くで確保できない場合は，代替地を用意する必要がある．その場合には，打設現場とプラントヤードまでの距離，運搬時間，交通渋滞などの道路事情について調査する．

4) 発生土および使用水の調査

　発生土に重金属などの有害物が混入しているか否か，聞き取り調査などを行う．重金属などの有害物が混入しているおそれのある場合は，化学分析などの調査を実施する．埋土の場合は

埋め立ての経緯を聞き取り調査により確認する．用水には水道水，工業用水，河川水（海水），地下水などが使用可能であるが，使用数量の確保が容易な用水を選択する．河川水などを使用する場合には，固化強度の発現を阻害する物質の影響について確認が必要となることもある．

5）　配合設計の確認

予め発生土に対する配合設計が提供されている場合，配合設計の主材と製造用の原料土が同一であるか確認する必要がある．同一でないと判断されたときは再度，配合設計を行う．

（2）　仮設計画

都市部において流動化処理土を製造する場合は，安全かつ確実に作業を遂行するため，周辺環境に十分に配慮しながら，仮設計画を立てる．

1）　仮囲い

作業中に泥水や処理土が飛散する場合があるので，製造プラントや打設箇所周辺には仮囲いを設けて，飛散を防止する．

2）　保安要員

ダンプトラックによる建設発生土の運搬や，アジテータ車による流動化処理土の運搬を行う場合には，工事用運搬車両の出入りが多くなるので，出入口などに保安要員を適切に配置し，交通災害防止に努める．

3）　埋戻し区画

プラントでの製造能力，ポンプやアジテータ車による運搬能力などを考慮して，打設箇所を仕切壁により適切な規模に分割する．仕切壁には土囊や型枠などを用い，流動化処理土が漏れ出さないように留意する．

4）　打設用配管

コンクリートポンプ車などを用いて流動化処理土を打設箇所に圧送する場合，埋戻し作業前に配管を設置する．なお坑道などの閉塞した空間を埋戻す場合には，天端に空気抜き用の配管もしくは空気孔を設置する必要がある．

（3）　プラント

1）　プラントの選択・設置

流動化処理土の製造プラントには，一般に製造量や工期に応じて3種類の形態が用いられる．大量の流動化処理土を恒常的に製造する場合には現地常設プラント（写真-4.1），発生土のストックヤードなどで一定期間に限って流動化処理土を製造するような場合には現地仮設プラント（写真-4.2），比較的小規模の埋戻しなどを行う場合には小型簡易プラント（写真-4.3）が適用される．

これらの使い分けは，1日当りの製造量，全体の製造量，製造期間などを考慮して決める．表-4.1に各プラントの製造能力，設置に必要なプラントヤード面積を，図-4.2に各プラントの配置位置を示す．製造能力は，現地常設プラントが30〜145 m^3/h，現地仮設プラントが20〜30 m^3/h，小型簡易プラントが5〜20 m^3/h 程度である．

なお，プラントは，泥水製造・流動化処理土製造・積載・運搬・打設の各工程における施工能力ができるだけ均一になるように設備を選択・配置する．原料土のストックヤードは別途考慮する必要がある．これらの配置例はアジテータ車により流動化処理土を打設現場に運搬する

4.1 施工の概要

場合を想定している．

写真-4.1 現地常設プラントの概観例

写真-4.2 現地仮設プラントの概観例

写真-4.3 小型簡易プラントの概観例

表-4.1 現地プラントの種類

	製造能力（m³/h）	標準的なプラントヤード（m³）
現地常設プラント	30～145	600以上
現地仮設プラント	25	300以上
小形簡易プラント	12.5	250以上

第4章　施　　工

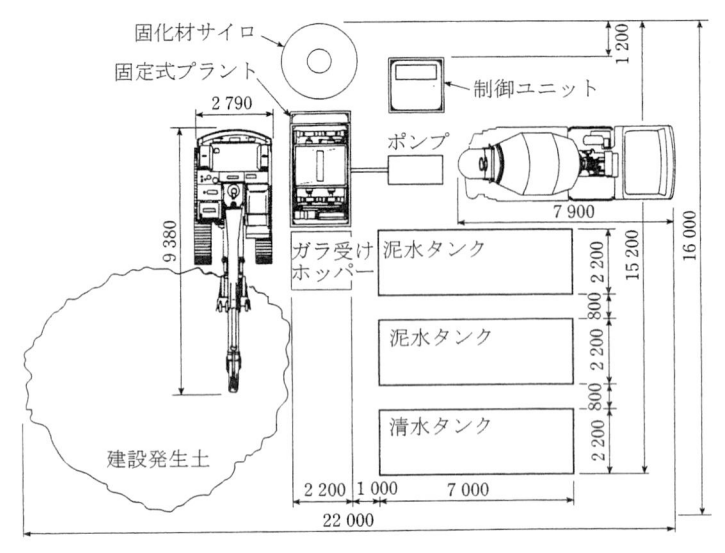

図-4.2　プラントの配置例

2) 常設プラント

都市部およびその周辺など，流動化処理土の需要の大きい地域においては，製造・販売を目的に設置された常設プラント（**写真-4.4** および **写真-4.5**）もある．製造能力は，30〜145 m³/h 程度である．

写真-4.4　建設発生土再生流動化処理常設プラントの概観例

4.1 施工の概要

写真-4.5 泥土（建設汚泥を含む）再生流動化処理常設プラントの概観例

（4） 流動化処理土の製造

1） 製造フロー

流動化処理土の標準的な製造フローを図-4.3に示す．

2） 製造上の留意点

① 原料土（土砂）の含水比

プラントに所定の量の原料土（土砂）と水を同時に投入して解泥および密度調整を一度に実施する場合，配合どおりに水と土を加えて泥状土を製造しても，土の含水比のばらつきにより密度が変動する場合がある．土は同一種類に分類することはもちろん，含水比も管理対象となる．

② 土の粒度

粘性土中に含まれる粗粒分率が変わると泥水密度が敏感に変化し，品質を安定させるのが難しい．外見上同一に見える粘性土でも，粒度構成を事前に試験するほうがよい．特に互層地盤を掘削した土，あるいは異種土質が混合した土を原料土とするときは，粒度構成が刻々と変化するため品質の不安定化につながる．

過去の施工例では，原料土の細粒分含有率F_cが8％以上変動すると，同一配合であっても品質が大きく変化することが判明している．このようなときは，現場の状況に応じた適切な方法で原料土の粒度を把握する必要がある．

③ 貯泥水槽

貯泥水槽は，作製した調整泥水または泥状土を単にストックするばかりではなく，調整

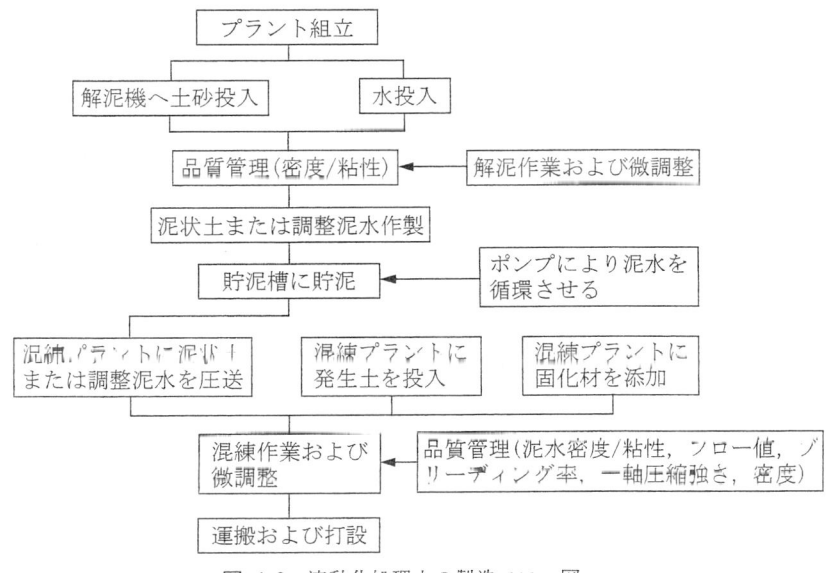

図-4.3 流動化処理土の製造フロー図

第4章 施　　工

泥水または泥状土の密度や粘性を調整するためのもので，流動化処理土の品質確保と安定化の上でも重要な役割を果たす設備である．

貯泥水槽で調整泥水または泥状土を循環させていても翌日には水槽底面には礫などが沈澱し，所定の調整泥水または泥状土の密度を維持できないことが多い．このようなときは新たな泥水または泥状土を追加し再調整等の工夫をする．

④　騒　　音

流動化処理プラントの機械構成の中には騒音規制法や振動規制法等において規定されている特定建設作業に該当する機械および作業はないが，都市部での施工の場合，振動騒音の値を規制値以下に押さえる必要があることがある．この場合，施工計画の立案に際しては，低振動，防音型の機械を選定する．

（5）運　　搬

製造された流動化処理土は，主にアジテータ車を使い運搬する．アジテータ車は，運搬経路中の急な坂道などで，こぼれ出すことのないように留意する必要がある．アジテータ車の積載量は5 m^{3}が一般的である．アジテータ車などを用いて流動化処理土を運搬する場合の経路は，関係機関と協議の上決定する．運搬時間は，基本的に通勤・通学時間帯を避けることが望ましい．

また夏期は外気温が高くなるため，運搬時間の経過とともに流動化処理土の流動性の低下が懸念される．そこで事前に，経過時間と流動性の低下の関係について実験を行い，その傾向を把握して適切な対策を講じる必要がある．

（6）打　　設

流動化処理土の打設方法には，自重落下を利用した直接投入方式と，コンクリートポンプなどを利用した圧送打設方式がある．これらの選択は，埋戻し箇所の形状，作業スペース，打設量，周辺状況などを考慮して決める．また打設位置が数箇所にまたがる場合には，直接投入方式と圧送打設方式を併用する場合もある．打設コストは，一般的に直接投入方式のほうが安価である．

打設箇所に大量の水が溜まっている場合は，原則として水を排水してから打設を行う．ただし，配合設計時に水中打設を考慮して配合を決定した場合などはこの限りではない．

なお，アジテータ車などから流動化処理土を直接投入する場合，シートなどによる飛散防止処置が必要である．

4.2　発生土の管理

流動化処理土では第1種発生土から泥土（建設汚泥を含む）まで幅広い土質の発生土が利用可能であるが，発生土の利用にあたっては以下のような点に留意する．

4.2.1　ストックヤードでの受け入れ管理

発生土の土性が安定すると流動化処理土の品質も安定する．発生土の受け入れ時の管理は重要で，ストックヤードには経験豊富な担当者を配置して，発生場所，土砂の種類，発生時の掘削状況などの情報を入手して，適宜，土砂を分類することが求められる．

流動化処理土は，土の種類ごとにその配合が異なるので，可能であればストックヤードに十分な面積を確保し，土の種類ごとに分けて保管することが望ましい．しかし，市街地の場合などはストックヤードに必要な面積を確保することが困難で，製造現場での発生土の切り回しなど，工夫が求められる．流動化処理土は都市部の土工現場で使われることが多く，現実には十分な面積のないストックヤードでの施工が多い．

4.2.2　発生土に混入する異物

（1）　コンクリートガラ・礫の混入

　建設現場から発生する土砂には，コンクリートガラが含まれていることが多い．また礫層の境界まで掘削するような場合，発生土に礫が含まれる．流動化処理土の製造プラントの多くは直径 40 mm までのコンクリートガラや礫を含む泥状土を混練することができるが，2 mm 以上のガラや礫は泥状土に対して材料分離する傾向にある．このためポンプで泥状土や流動化処理土を圧送する際に圧送管のジョイント部にガラや礫がたまり，圧送管を閉塞するなどのトラブルが発生する．

　コンクリートガラや礫などが多く含まれる発生土を受け入れるときは，小型破砕機を備えるとよい．再利用できないコンクリートガラや大きな礫を廃棄処分することなく，総てリサイクルすることができる．

（2）　木片・鉄線などの異物の混入

　流動化処理土は解泥プラントから貯泥槽，混練プラント，運搬車両へとパイプで圧送される場合が多い．そのため，処理土中に異物が混入するとパイプの閉塞，プラント機械の故障などを誘発することがある．したがって原料土として用いる発生土には木片や鉄線のような細長い異物が混入するのを極力避けるよう，配慮する必要がある．特に地表面近くの掘削土やビルなどの解体現場からの発生土には，このような異物の混入が多く見られる．

（3）　固化材を含む地盤改良土の混入

　固化材を用いて地盤改良した箇所からの掘削土は多くの場合，団粒化しており，プラントのトラブルやパイプ閉塞の原因となることがある．$q_u=600 \text{ kN/m}^2$ 程度以下のあまり強度の高くない改良土は，製造過程における混練機内での粉砕が可能で，そのまま使用しても支障はない．

　なお地盤改良などで生じる泥水などで，まだ未反応の固化材分が混入しているような場合には，その未反応の固化材分を考慮して配合を行わないと強度が極端に大きくなる場合があるので，注意する．

4.2.3　発生土の土質の管理

　原料として用いられる発生土の土質が変化すると，プラントでの泥水・発生土・固化材の添加量もその都度変更する必要が生じ，プラントの稼働効率が低下したり，製造される流動化処理土の品質も不安定になったりしやすい．したがって，できるだけ同一種類の発生土を安定的に供給することが重要である．その際，発生土の状態を把握するための主な管理項目としては，土の種類（分類を含む），含水比，発生場所や掘削工法などの履歴がある．

　また，現場で簡易に細粒分の大小を判定する方法としては，土を水で解泥してから，Ｐロー

第4章 施　工

ト試験器でその粘性を調べる方法や，砂分測定器（写真-4.6）による方法などがある．

ストックした発生土の含水比は降雨の影響などにより変動する．一般に粘性土の場合は含水比の変動が少ない．また粘性土単体で流動化処理土を製造する場合には，解泥した泥水の粘性や密度で品質を管理するので，粘性土の含水比の変化はあまり問題にならない．一方，砂質土やシルトなどの場合には，降雨時および降雨後の含水比の測定・管理が必要となる．

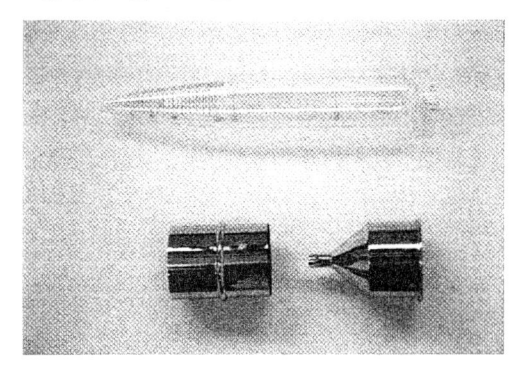

写真-4.6　砂分測定器

4.3 製造方法

4.3.1 製造工程

製造工程のフローを図-4.4に示す．

(1) 前処理

ストックヤードに搬入される発生土は，異物が混入していることが多く，ふるい分けや粉砕などにより適切に事前の処理を行う．

このうちガラなどの異物の排除については，発生土が砂質土の場合には，製造プラントに投入する際，バックホーにスケルトンバケットなどを装着して行う方法や，簡易なふるい（バースクリーン）を使う方法がよく用いられる（写真-4.7参照）．この前処理により40～100 mm程度以上の異物および礫を排除することができる．一方，発生土が粘性土の場合には，解泥後の状態のほうが効率よく異物を除去できるため，解泥作業中にふるいで排除することが多い．

(2) 解泥作業

解泥方法には連続式とバッチ式がある．

1) 連続式の解泥

写真-4.8に，連続式の解泥装置でよく用いられるパドル式ミキサーを示す．この装置は解泥能力が高く，粘性土も解泥可能である．また発生土が地盤改良土であっても，一軸圧縮強度が$q_u = 600$ kN/m^{2}程度以下の低強度のものであれば解泥が可能である．

(1) 前処理
↓
(2) 解泥および泥水密度の調整
↓
(3) 貯泥
↓
(4) 混練作業
↓
(5) 積出し作業

図-4.4　製造工程のフロー

写真-4.7　簡易なふるいで発生土のガラを排除

(a) 装置全体    (b) 羽根部分
写真-4.8 連続式解泥装置（パドル式ミキサー使用）

2) バッチ式の解泥

写真-4.9は，貯泥池などに堆積した柔らかい粘土を解泥するために工夫された装置である．所定量の粘土と水を水槽に投入した後，サンドポンプで粘土と水を循環させ泥水を製造する．泥水の密度を測定することにより，粘土と水の追加量を調整して，所定の泥状土密度となるよう管理を行う．

写真-4.10は，原位置混合機械などにより攪拌を行う解泥装置である．この装置では，所定量の粘土と水を水槽に投入し，バックホーの先にミキサーまたはローターの付いたスケルトンバケットを装着した原位置混合機械で，強制攪拌を行う．この場合も異物除去のため，水槽の排出口に40 mmのふるいを設け，泥水中の異物が除去されるように工夫している．

写真-4.9 バッチ式解泥装置（サンドポンプ使用） 　写真-4.10 バッチ式解泥装置（ミキサー付きスケルトンバケット使用）

(3) 貯　　泥

製造された泥状土は，水槽でストックされる．その際，土粒子の沈降を防止し密度を均一に保つ必要がある．そのため水中攪拌機，ミキサー付き水槽，横型水中ポンプなどにより水槽内

の泥状土を循環させながら貯泥する．

(4) 混練作業

混練作業とは，解泥作業で作製した泥状土または調整泥水と発生土に固化材を混合して流動化処理土を作製する作業である．混練方法には，解泥方法と同様に連続式とバッチ式がある．連続式とバッチ式のそれぞれの利点を表-4.2に示す．

表-4.2 混練方法の比較

連続式の利点	バッチ式の利点
・製造能力や製造効率が高い ・施工の省力化が可能	・多種類の配合に対応可能 ・品質管理が容易

一般に，連続式は材料の投入から排出まで，混練機が停止することなく連続して稼働できるのに対し，バッチ式は材料の投入と排出時に混練機が一時停止するため製造効率が劣る．一般的に，連続式はある程度均一な発生土を用いて大量に流動化処理土を製造する場合に有利であり，バッチ式は多様な配合の流動化処理土を少量製造するような場合に有利であると考えられる．

写真-4.11 連続式混練装置(パドル式ミキサー使用)

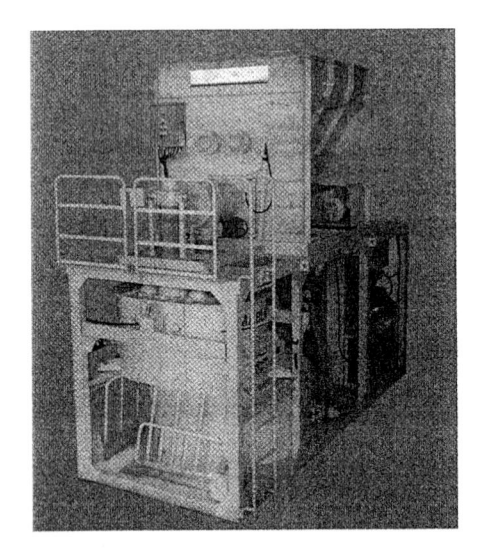

写真-4.12 バッチ式混練装置(パン型強制ミキサー使用)

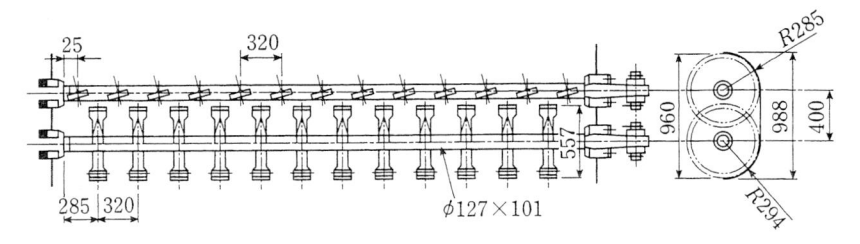

図-4.5　パドル式ミキサーの構造

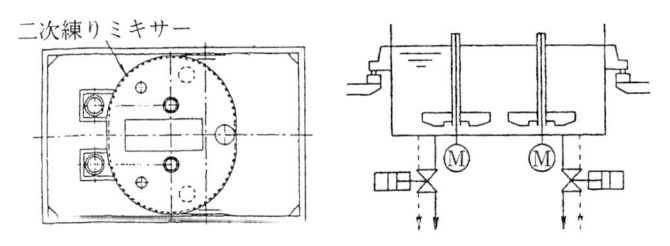

図-4.6　パン型ミキサーの構造

4.3.2　製造プラントの形態

　上記のような解泥，混練装置を組み合わせた流動化処理土の製造プラントの例を図-4.7および図-4.8に示す．

　図-4.7は連続式プラントの例で，解泥・混練ともに横型2軸のパドルアジテータが用いられている．図-4.8は土砂ホッパー，解泥槽，混練槽を上から順に鉛直方向に配置したバッチ式プラントの例である．

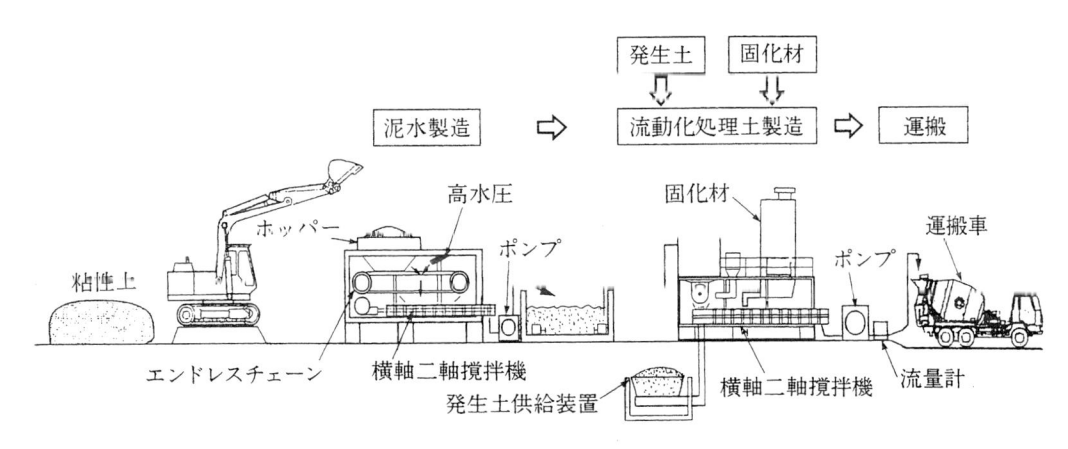

図-4.7　連続式プラント

第4章 施 工

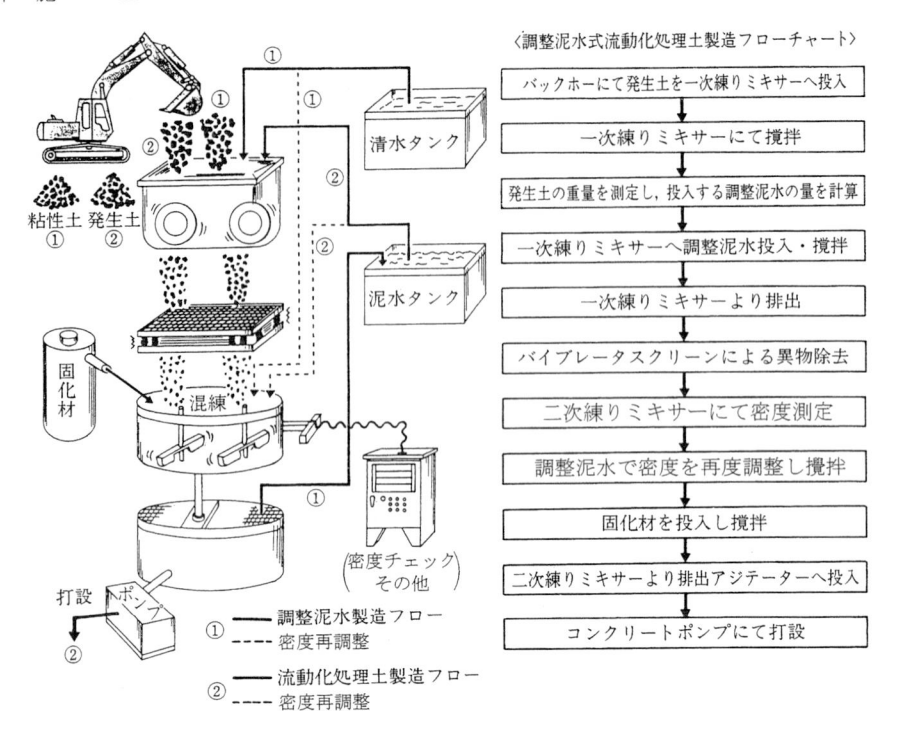

図-4.8 バッチ式プラント

4.3.3 土量変化率

原料土の地山土量1 m³から製造される流動化処理土の量について，共同溝の埋戻し試験工事で調査した例を示す．ここでは，調整泥水を予め製造しておき，それに発生土（砂質土）および固化材を添加する製造方法の場合と，発生土（粘性土）に水と固化材を直接添加し混練する製造方法の場合について，その配合および土量変化率を表-4.3に示す．

表-4.3 土量変化率の例

	泥　水		発生土 (kg)	地　山		土量変化率
	粘性土 (kg)	水 (kg)		粘性土量 (m³)	発生土量 (m³)	
調整泥水＋発生土（砂質土）の場合	205[*1]	305	1 022[*3]	0.142	0.587	1.37
発生土（粘性土）単体の場合	891[*2]	445	—	0.594	—	1.68

（注）　地山の密度は，＊1 γ_t=14.21 kN/m³，＊2 γ_t=14.70 kN/m³，＊3 γ_t=17.05 kN/m³

4.3.4 プラントの騒音・振動

プラント稼働時の騒音・振動・粉塵については必要に応じて実測して影響を評価する．特定建設作業における騒音基準（作業場所の境界線において，85 dB以下）および振動基準（作業場所の境界線において，75 dB以下）は通常の工事では満足する場合が多いが，都市部の住宅などにプラントを設置する場合には，騒音発生源の機器の配置に配慮したり，防音型，低振動

型の機械を選定したりするとよい．

ここでは，共同溝の埋戻し試験工事において臨海地区に設けたプラントでの調査結果を示す．

(1) 測定箇所

測定箇所を図-4.9に示す．

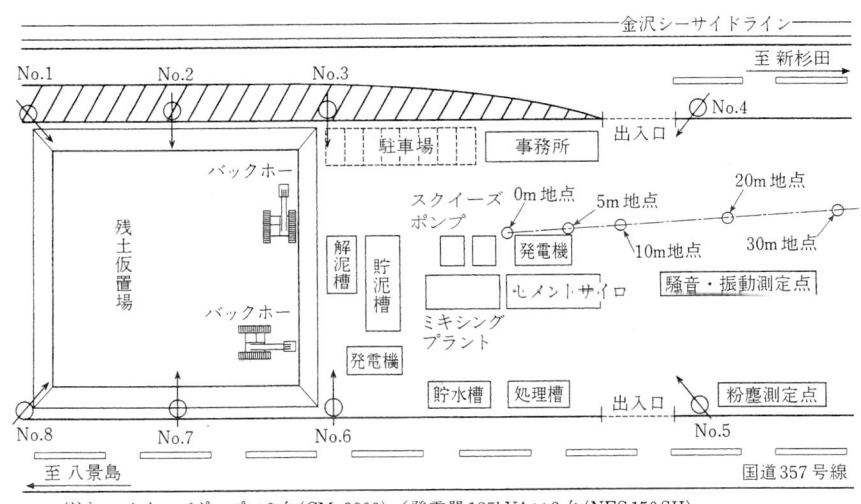

図-4.9 測定箇所位置図

(2) 騒音測定結果

騒音レベルと騒音源との距離の関係を図-4.10に示す．主な騒音源であるスクイーズポンプおよび発電器の設置地点では，プラント非稼働時の騒音（暗騒音）よりも10dB程度大きい騒音が記録されたが，30m離れた地点ではほぼ暗騒音と等しくなり，プラント稼働による騒音の影響はなくなる．

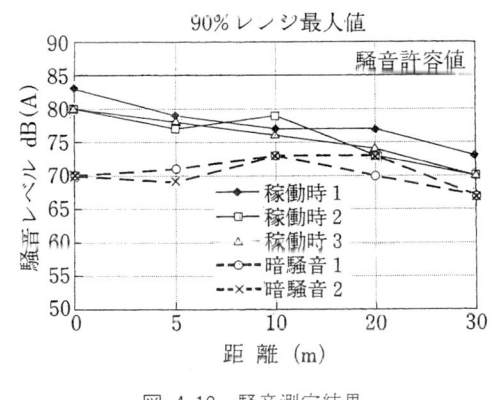

図-4.10 騒音測定結果

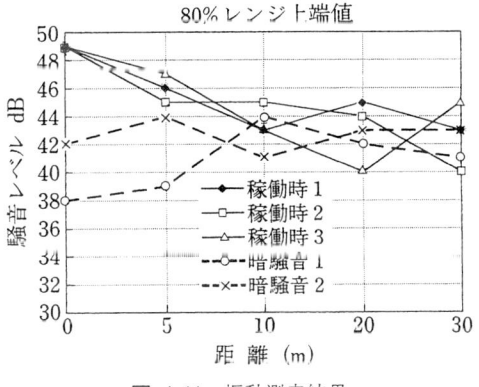

図-4.11 振動測定結果

第4章 施　工

(3) 振動測定結果

振動レベルと震動源との距離の関係を図-4.11に示す．騒音測定結果と同様，スクイーズポンプおよび発電器の設置地点では，プラント稼働時の振動の発生が記録されたが，10m離れた地点ではほぼプラント非稼働時の振動（暗振動）と等しくなっている．

4.4 運搬方法

流動化処理土の運搬には，一般的に材料分離を防止するためコンクリート運搬に用いられるアジテータ車（10t）を使用する．

アジテータ車以外で運搬するときは，荷卸しの開始直後と終了直前の処理土の密度差が±0.05 g/cm^3（ブリーディング試験においてブリーディング率1%相当の処理土に見られる密度差）以下であることを事前に確認することが必要である．

運搬中の材料分離が小さいことを条件として，表-4.4に示すような運搬車を選択することもできる．

表-4.4　運搬車の特長

運搬車	積載量	長　所	課　題
アジテータ車	4～5 m^3	・材料分離が防止できる ・流動性が維持できる ・若干の混練効果がある	・積載量がやや少ない
天蓋車	6～7 m^3	・積載量の増加 ・直投打設が容易 ・清掃が容易	・材料の沈降分離対策が必要
バキューム車	6～7 m^3	・積載量の増加 ・ポンプ圧送が可能 ・直投打設が容易 ・打設時の飛散が減少	・毎回チャンバー内の清掃が必要 ・材料の沈降分離対策が必要

そのほか，運搬に関する一般的な留意点を以下に示す．

・運搬経路は，関係機関と協議の上，検討して決定する．
・付近に学校等の公共施設がある場合は道路利用状況を把握し注意を図る．
・渋滞の可能性のある道路は，状況を調査し，運搬時間を推定する．
・運搬時間は通勤・通学時間帯を避けるほうがよい．
・プラントの出入り口付近には交通誘導員を配置し周辺交通の円滑化を図る．
・粒子状物質排出基準（ディーゼル車の排出ガス規制）等関係法令を遵守する．

4.5 打設方法

流動化処理土の打設方法には，コンクリート打設と同様にポンプ圧送方式（写真-4.13および写真-4.14）と直接投入方式（写真-4.15および写真-4.16）がある．

ポンプ圧送方式は，打設現場の作業スペースが狭く制約を受けるような場合に，1箇所からの流動化処理土の圧送で広い範囲を打設できるという長所がある．

直接投入方式は，打設現場の作業スペースが比較的広くあまり制約のないような場合に有効

4.5 打設方法

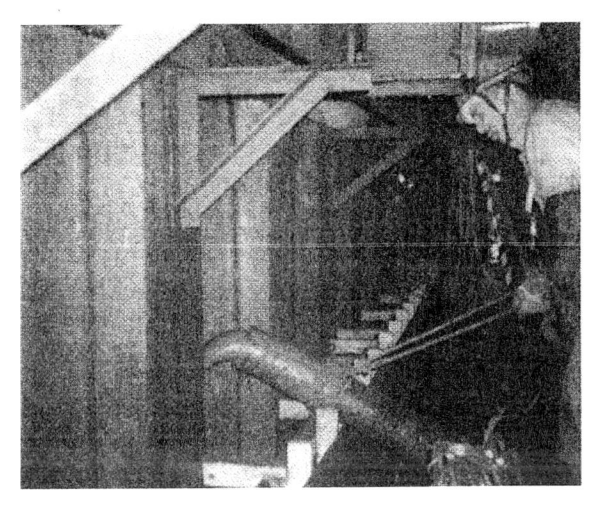

写真-4.13 ポンプ圧送打設

写真-4.14 コンクリートポンプ車による圧送打設

で，埋設管の埋戻しや共同溝の頂版部の埋戻しなどに適している．写真-4.16のようなホッパーを使用すると，打設箇所を正確に管理でき，流動性が小さくても施工がしやすい．

打設時に降雨がある場合には，流動化処理土の品質に影響を与える可能性があるので，打設を中止するか，シートなどで覆うなどの対策を講じる必要がある．打設後，養生中に強い降雨がある場合も同様で，品質を確保するための対策を講じる．

打設箇所に大量の水が溜まっている場合は，原則として水を排水してから打設をする．ただし，配合設計時に水中打設を考慮して配合を決定した場合や，適切な対策を講じて打設を行う場合はこの限りではない．

第4章 施　工

写真-4.15　直接打設（コンクリートアジテータ車からの流し込み）

写真-4.16　直接打設（朝顔ホッパー使用）

　埋設管などの埋戻しに流動化処理土を打設する場合は，打設前に埋設管に発生する浮力を検討して，浮き上がり防止のための適切な対策を講じなければならない．
　空洞などの閉塞した空間の充填に流動化処理土を用いる場合，天井部分に空気溜まりが発生するおそれがある．そこで，完全な充填を行うためには，適切な箇所に空気抜き用配管や空気孔を設置するなどの対策を講じる必要がある．

4.6 施工（品質）管理

4.6.1 品質管理

　流動化処理土は，コンクリートと異なり一般的に原材料の品質の変動が大きな建設発生土や泥土（建設汚泥を含む）を用いるため，その影響を受けやすい．

　このため，一定の品質を確保するために，図-4.12に示すような用途に応じた適切な品質仕様の採用と，原材料の化学的原因と物理的原因に着目した品質管理方法を採用することにより流動化処理土の品質を確保する．

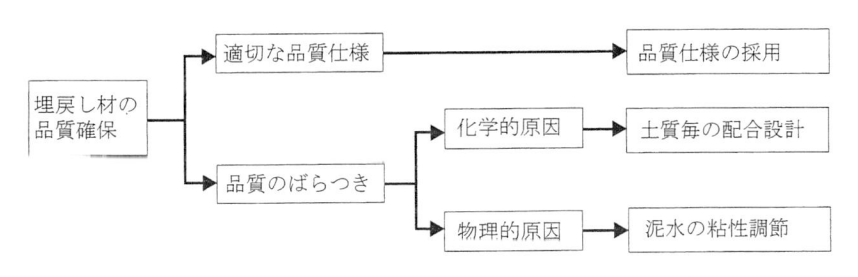

図-4.12　製造過程の品質管理方法

流動化処理土は，まだ固まらない未固結の状態で品質を管理する．

①使用土砂の管理

　　使用する土砂の含水比は土砂の性状が変化したときに測定するだけでなく，ストック期間中（特に長期にわたる場合）や，砂質土を使用する場合は降雨後にも測定する．

　　なお，泥水と発生土を混合した泥状土を対象に管理する場合は，発生土自体の含水比管理は特に実施しなくてもよい．

②使用材料の管理

　　配合設計と同一の流動化処理土が製造されているか確認できるように，原料土，固化材，水の使用量を記録しておき，製造数量，流量計による打設数量あるいは出来形と照査する．

③泥状土の管理

　　泥状土の管理は，製造された泥状土の粒度構成が配合設計で決められた粒度構成の管埋基準内であるかを確認する作業である．泥状土の細粒分含有率F_cがおおむね5～8％程度異なると，泥状土の密度を調節するだけでは流動化処理土の品質確保が困難となる場合がある．このように原料土の粒度構成にばらつきがある場合は，粘性管理を併用し，しかもその測定頻度をできるだけ多くすると品質確保がより効果的となる．

④泥状土の密度，流動化処理土の湿潤密度・フロー値・ブリーディング率の管理

　　泥状土の密度と製造時および製造後のまだ固まらない状態の流動化処理土の湿潤密度・フロー値・ブリーディング率について，それぞれ品質管理試験を行う．試験方法は，3.5「配合試験」において示した方法による．

⑤強度の管理

　　製造時または打設時に吐出口から試料を採取し，モールドに詰めて供試体を作製し，所

第4章 施　　工

表-4.5　流動化処理土の標準的な品質管理方法

試験対象	試験項目	試験方法	測定頻度	許容範囲
泥状土	粘性	プレパックドコンクリートの注入モルタルの流動性試験またはロート試験（JSCE-F521-1944）および／またはエアモルタル及びエアミルクの試験方法（JHS A 313　シリンダ法）※1,2	泥水貯蔵量の1/2に対し1回（ただし1日に最低2回以上実施）	配合設計基準で決めた上限と下限の流下時間またはフロー値の範囲内※3　ただし流下時間とフロー値の許容範囲を狭めると強度の変動率はより安定する
	密度	定量容器で試料の容積質量を測定する．		
	粒度※3	粒度試験または細粒分含有率試験※4		
流動化処理土	密度	定量容器で，試料の容積質量を測定する．	1回以上/日	用途別品質規定の条件範囲内，かつ泥状土の上下限値で示された密度で発揮される各値の範囲内　ただしフロー値の許容範囲を狭めると強度はより安定する，例えば中心値に対して±30mm以下
	フロー値	エアモルタル及びエアミルクの試験方法（φ80 mm，h 80 mmのシリンダ使用）（JHS A 313-1992　シリンダ法）※2		
	ブリーディング率	土木学会基準「プレパックドの注入モルタルのブリーディング率試験方法」（JSCE-1992）に準拠して行う．なお測定においては，計測開始から時間経過後の値を採用する．		
	一軸圧縮強さ	モールド（φ50 mm，h 100 mm）で供試体を3本作製し，原則として20℃の密封養生を行う．通常，材齢28日で試験を行い，このときの平均値を求める．		

※1：配合試験で得られた配合に対する泥状土の流下時間および／またはフロー値を製造された泥状土と比べて管理することで品質を安定化させる．流動化処理工法用に開発された改良型Pロート試験器を用いると所要の粘性に対する測定感度が高く測定誤差が少なくなる．
※2：シリンダ法は平滑な板を用い，シリンダは素早く引抜く．
※3：常設プラントなどで長期間にわたり原料土の土性を安定化することができるときは，各値の許容範囲を過去の品質管理の実績を考慮して決めることができる．ただし，原料土に対して配合試験を実施したときに得られる配合設計基準図が示す許容範囲内でなければならない．
※4：粘性に代わり密度で泥状土を管理するときは粒度試験を併用する．

定の材齢において一軸圧縮試験を行う．また，必要に応じて原位置において不撹乱試料を採取して，強度を確認する．なお，原位置での強度確認はポータブルコーン・ペネトロメータで測定したコーン指数などから，一軸圧縮強さを推定することもできる．ただし，コーン指数と一軸圧縮強さの関係についての十分な検討が必要である．

流動化処理土の標準的な品質管理方法の例を表-4.5に示すが，適用用途，施工条件などを十分に考慮のうえ，決定する必要がある．

4.6.2　出来型管理

盛土などに用いられた流動化処理土の出来形管理は，材料の納入伝票，打設形状から確認する．なお，充填など不可視部分が多い用途に用いられた場合には，納入伝票，流量計などで確認を行う．

4.6.3 配合修正

　流動化処理土の品質は，原地盤を改良する土質安定処理土の品質が示すほど，通常，ばらつくことはない．これは，流動化処理土の原料土の土性が予め目視や事前情報で把握できるためで，変動リスクの大きな原地盤の土を扱うのと比べ相対的に変動リスクが小さいことに起因する．したがって，原料土を対象とした室内配合による流動化処理土と，プラントで製造された流動化処理土の品質の差は比較的小さい．ただし，原料土のばらつきを放置して，配合を一定のままで流動化処理土を製造すると品質は不安定となる．

　こようなとき施工現場では，原料のばらつきに対処するため，配合を適切に修正して品質の安定を図る必要がある．

　配合修正の方法には，
　①固化材量一定のまま泥水の密度を変更し粘性を一定に保つ方法，
　②固化材を変更する方法
がある．状況に応じて適切な方法を採用することが望ましい．

第5章 適用事例

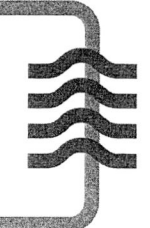

適用事例総括表

No	工事名称	工事概要	適用土質	施工時期
1	両国／東蒲田／東六郷共同溝埋戻し工事	用途：共同溝駆体周辺部埋戻し 共同溝工事の発生土を用いて流動化処理土を製造し、それを3現場にミキサー車で配送し打設した。	粘土・シルト・砂	H7.5～H8.4
2	子安共同溝工事および伊勢崎共同溝工事	用途：共同溝駆体周辺部埋戻し 共同溝工事の掘削土を、用いて流動化処理土を製造し、それを5現場にミキサー車で配送し打設した	粘土	H7.5～H8.4
3	福島共同溝（その15）工事	用途：共同溝駆体周辺部埋戻し 共同溝工事の掘削土を現場近くに仮置きし、それを用いて流動化処理土を製造し、ポンプ圧送(400m)で打設した。	シルト	H5.11～H6.3
4	地下鉄7号線延伸工事	用途：共同溝駆体周辺部埋戻し シールド工事で発生した流動性の高い掘削土砂に固化材を添加し、ミキサー車で混練、それをポンプ圧送して打設した。	粘土・シルト	H7.10～H8.12
5	西五反田路面下空洞充填工事	用途：路面下空洞充填工事 小型の移動式プラントを現場に設置して流動化処理土を製造し、路面下空洞を充填した。	関東ローム	H5.12
6	鶴見路面下空洞充填工事	用途：路面下空洞充填工事 現場から離れた場所に設置したプラントで流動化処理土を製造し、それをミキサー車で運搬し充填した。	関東ローム・山砂	H7.2
7	埋設管埋戻し試験工事	用途：埋設管の埋戻し工事 通信ケーブルの模型を、密度を変えた流動化埋土で埋戻し、充填性等を確認した。	関東ローム・山砂・砕石	H8.2～H8.5
8	多条保護管の応力伝搬に関する実験工事	用途：埋設管の埋戻し 密実な充填の難しい多条保護管を流動化処理土で埋戻した	山砂・粘土	H8.2～H8.5
9	横浜地区坑道埋戻し工事	用途：坑道埋戻し工事 硅砂採掘跡地の坑道を埋戻した。現場から離れた場所に設置したプラントで流動化処理土を製造し、それを運搬・打設した。	関東ローム	H6.10～H6.12

第5章 適用事例

10	首都高IC旧消火用通水管充填工事	**用途：特殊な埋戻し充填工事** 日本橋川と隅田川との間にある消火用通水管約1000 mのうち，消火栓を含む303 mの通水管（φ500 m）を充填した．	粘土	H8.4
11	BY514・515下部構工事	**用途：橋脚基礎部の埋戻し** 橋脚と山留めの間の空間を掘削残土を原料とした流動化処理土で埋戻した．	シルト	H6.4
12	横浜地区ガス導管設置工事	**用途：埋設管の埋戻し** 埋設管周辺の，狭小で転圧の困難な箇所を流動化処理土で埋戻した．	山砂・関東ローム	H8.6
13	配水本管布設替工事	**用途：受け防護工省略埋戻工事** 配水本管の布設替えにともない複数の埋設管が密集する区間を埋戻す．受け防護工は作業空間が狭く，また発生土の再利用から流動化処理土が有利と判断された．	現場発生土	H8.10
14	国道拡幅工事に伴う露出ガス管埋戻し工事	**用途：受け防護工省略埋戻工事** コンクリート構造脇の露出ガス管の受け防護が困難なため，受け防護代替，埋戻しを流動化処理土で行った．	山砂	H6.7
15	大久保地区NTT管設置工事	**用途：埋設管の埋戻し工事** NTT管の敷設工事にともない，流動化処理土を用いたことにより他企業管の受け防護が不要となった．また改良土を原料土に用いて施工形態を簡素化した．	建設発生土を土質改良した改良土	H9.2
16	農業用水パイプライン管体基礎工	**用途：FPRM管の埋戻し工事** 開水路FPRM管の基礎工を流動化処理土で埋戻した．施工は簡易小型プラントを現場に設置して，建設発生土を原料土として使った．	現場発生土（捨土／粘性土）	H14.3〜H15.3
17	地下鉄駅舎部の埋戻し	**用途：地下鉄駅舎部の掘削土約2.4万m^3で駅舎部（開削トンネル部）やシールドトンネルインバート部などを同地区内に設けた現場常設プラントで流動化処理土を製造し各工区にアジテータ車で運搬して打設した．	沖積粘土	H10.12〜H13.12
18	拡幅盛土	**用途：既設盛土を鉛直盛土により拡幅し，ランプ部道路の線形緩和およびランプ下部に並行する市道の拡幅を目的として流動化処理土による拡幅盛土が構築された．	現場発生土	H16.9〜H16.10

第5章 適用事例

用　　　途	共同溝躯体周辺部埋戻し	目　的	共同溝躯体側部および頂版上部の埋戻し
工　事　名	両国/東蒲田/東六郷共同溝埋戻し工事		
工事場所	東京都区内		
事業主体	建設省東京国道工事事務所	工　期	H7.5～H8.4

【工事概要】

　両国/東蒲田/東六郷の3つの共同溝は，鋼矢板により土留めを行い，開削工法で施工される．これらの共同溝躯体と鋼矢板の隙間（30～50 cm）および躯体頂版上部約50 cmの部分の埋戻しに流動化処理土を適用した（事例図-1.1）．

　流動化処理土の原料土には，共同溝の掘削工事で発生する土砂を利用した．土砂の仮置き場およびプラントは施工現場から離れた場所に設置し，そこで製造した流動化処理土をアジテータ車で運搬して打設した．

　流動化処理土による埋戻し土量は約16 000 m³である．

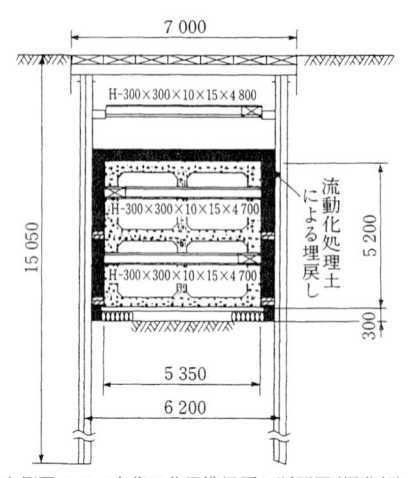

事例図-1.1　東蒲田共同溝埋戻し断面図（標準部）

【施工概要】

　3つの共同溝施工現場，掘削土のストックヤードおよび流動化処理プラントの位置関係を事例図-1.2に示す．プラントで製造した流動化処理土の運搬は，アジテータ車（7～10台/日）を用いて行った．

　施工手順は以下のとおり．
①共同溝3現場の建設発生土を1箇所に集積．
②流動化処理土を製造．
③流動化処理土をアジテータ車で現場へ運搬．
④コンクリートポンプまたは直投により処理土を打設．

　使用した掘削土は，粒度分布などの土質のばらつきが大きく，砂分も多量に含んでいた．そこで，処理土の品質の安定と材料分離抵抗性の向上を図るため，調整泥水を土砂に混練する方式を採用した．

　施工システムを事例図-1.3に示す．

　処理土の品質の目標値は，
・製造時フロー値が200～220 mm
・一軸圧縮強さが2 kgf/cm²以上
・ブリーディング率が1%未満
とした．フロー値には運搬の際のフロー値低下（40 mm）が見込まれている．

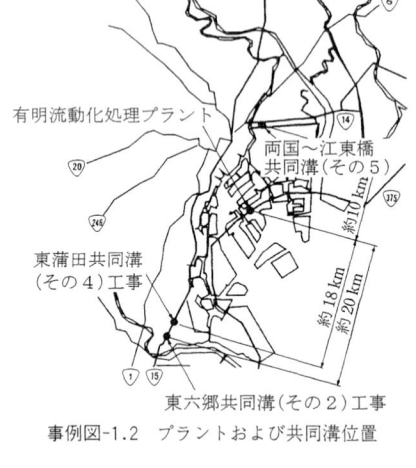

事例図-1.2　プラントおよび共同溝位置

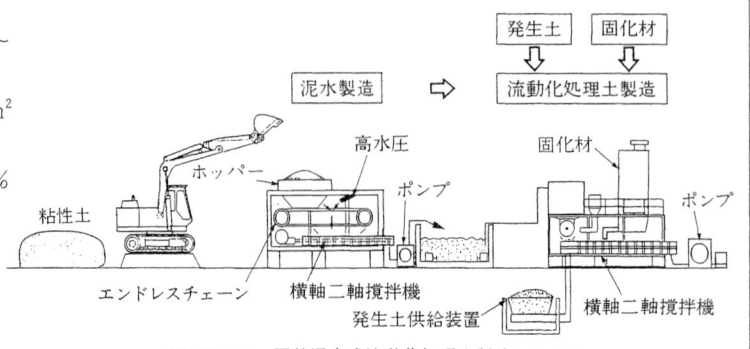

事例図-1.3　調整泥水式流動化処理土製造システム

事例 1

【使用材料】
　流動化処理土に使用した発生土は，主に第3種建設発生土および第4種建設発生土である．
・調整泥水：泥水比重1.2程度，原料土は砂質シルト
・固 化 材：一般軟弱土用セメント系固化材
・発 生 土：砂質シルト，シルト質砂

事例表-1.1　代表的な処理土の配合

泥水密度 γ_f	泥水の混合比 P	処理土の密度 γ_l	泥水 W_d 粘性土 (kg)	泥水 W_d 水 (kg)	発生土 W_s (kg)	固化材 (kg/m³)	発生土利用率 R_w	フロー値 (mm)	一軸圧縮強さ q_u (kgf/cm²) σ_7	一軸圧縮強さ q_u (kgf/cm²) σ_{28}	摘要
1.225	0.50	1.630	205.4	305.6	1022.0	96.8	66.78	200	3.0	—	

$P = W_d/W_s$（W_s：発生土の重量，W_d：泥水の重量）　$R_w = W_s/(W_s + W_d) \times 100 (\%)$

【適用土質】
　建設発生土を採取場所より7種類に分け，土質試験を行った結果を事例表-1.2に示す．

事例表-1.2　土質試験結果

	砂 有明A	砂質シルト 有明B	砂質シルト 有明C-1	砂質シルト 有明C-2	砂質シルト 両国D-1	砂質シルト 両国D-2	砂質シルト 両国E*
含水比	11.03	34.90	34.88	32.77	35.49	42.73	70.90
土粒子の比重	2.579	2.623	2.607	2.578	2.659	2.598	2.624
液性限界	—	47.50	33.43	—	—	40.90	77.90
塑性限界	—	25.73	21.79	—	—	28.07	42.70
砂 (%)	98.80	18.67	40.62	46.32	77.11	33.53	3.0
シルト (%) / 粘土 (%)	1.12	81.33	59.38	53.68	22.90	66.47	96.9

注) *なお，両国Eの土質試験結果は，江東橋整備工事で行った土質試験結果である．

【施工後の状況，その他】
・施工後の状況
　　打設後にボーリングで現場の試料を採取し，その品質を確認した．
　①密度および一軸圧縮強さ
　　ボーリングで採取した現場試料の密度（平均1.57 t/m²）は，製造時にプラントで採取した試料とほぼ同じであった．また一軸圧縮強さは，目標値（2 kgf/cm²）以上の値が得られた．
　②処理土の均質化
　　調整泥水を発生土に混練したことにより，発生土の粒度のばらつきを制御することができた．特に細粒分の含有量については非常に均一に調整できた．
・その他
　　今回使用したプラントヤードは約400 m²と他の地盤改良工法プラントに比べ若干広い面積を占用した．今後は，プラントヤードの縮小，機械の小型化について検討が必要である．

【参考文献】
1) 久野，三木，森，古池，三ッ井，手嶋：流動化処理土による共同溝埋戻し工事報告，第31回地盤工学研究発表会，H8.7
2) 久野，三木，森，古池，岩淵：共同溝に埋戻された流動化処理土の透水性，第31回地盤工学研究発表会，H8.7
3) 久野，三木，三ッ井：大量に製造された流動化処理土の配合と品質，土木学会第51回年次学術講演会，H8.9
4) 久野，三木，保立：共同溝に埋戻された流動化処理土のボーリング調査，土木学会第51回年次学術講演会，H8.9
5) 久野，三木，隅田：流動化処理土のポンプ圧送実験，土木学会第51回年次学術講演会，H8.9

第5章 適用事例

用　　　途	共同溝躯体周辺部埋戻し	目　的	共同溝躯体側部および頂版上部の埋戻し
工　事　名	伊勢崎共同溝および子安共同溝工事		
工事場所	神奈川県横浜市		
事業主体	建設省横浜国道工事事務所	工　期	H7.5～H8.4

【工事概要】
　共同溝の掘削に伴う建設発生土の有効利用を図る目的で，流動化処理土を用いて共同溝躯体周辺部の埋戻し試験工事を行った．流動化処理土の埋戻しは，共同溝の躯体と仮設山留めとの狭隘な空間と共同溝の頂版上部50cmの範囲で，埋戻し量は18 500 m³である．流動化処理土の埋戻しは，昼・夜間施工で行われ，製造プラントから打設現場までアジテータ車で運搬し，ポンプ車で打設した．

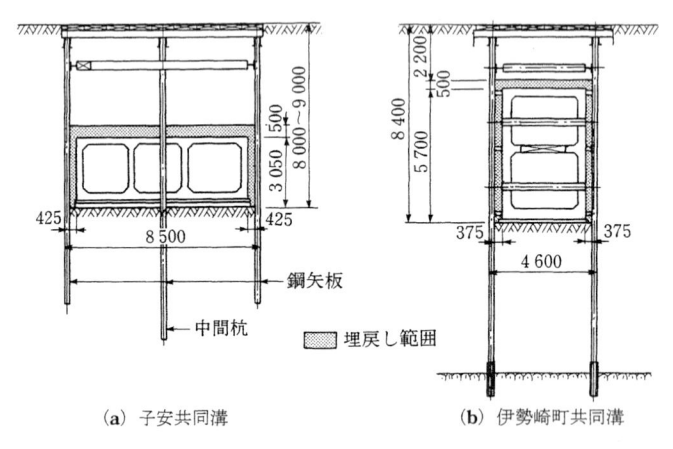

(a) 子安共同溝　　(b) 伊勢崎町共同溝

事例図-2.1　共同溝標準断面図

【施工概要】
　施工に用いた流動化処理土製造システムを**事例図-2.2**に示す．施工手順は以下のとおりである．
①解泥用水槽に発生土と水を投入後，攪拌翼付きバックホーで解泥する．
②解泥後に調整泥水槽に圧送し，加水して泥水の比重を調整する．
③調整された泥水をバッチャープラントに投入後，固化材を添加して，混練し流動化処理土を製造する．
④製造した流動化処理土を，コンクリートポンプでアジテータ車に積載し，運搬する．
⑤打設は，コンクリートポンプを用いて圧送する．

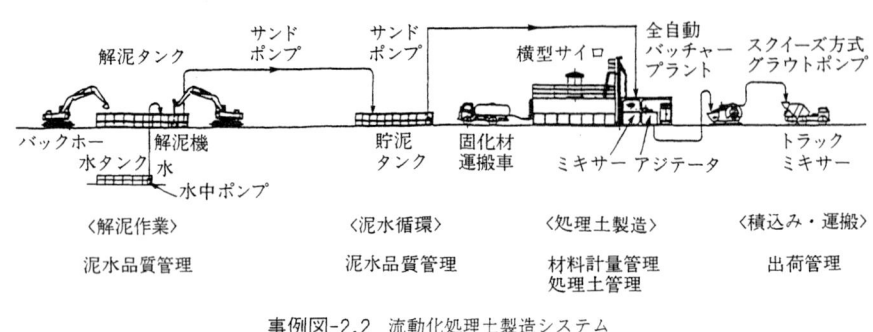

事例図-2.2　流動化処理土製造システム

事例 2

【使用材料】
発生土：沖積粘土
固化材：一般軟弱地盤用
　　　　セメント系固化材
q_u：$2\,\mathrm{kgf/cm^2}$ 以上
フロー値：160 mm 以上
ブリーディング率：1％未満

事例表-2.1　流動化処理土の配合

種　別	泥水比重	処理土密度 (g/cm³)	配合（処理土1m³当り） 発生土 (kg)	水 (kg)	固化材 (kg)
Case 1	1.34	1.40	839	460	97
Case 2	1.21	1.27	566	606	97
Case 3	1.27	1.33	647	584	97

【適用土質】
流動化処理土製造に用いた建設発生土の土質試験結果を**事例表-2.2**に示す．

事例表-2.2　土質試験結果

分類名	自然含水比 (％)	土粒子の密度 (g/cm³)	礫分	砂分	シルト分	粘土分	液性限界 (％)	塑性限界 (％)
粘　土	59.4	2.674	3.5	33.2	18.0	45.3	67.0	36.8
粘　土	74.5	2.732	4.8	21.0	21.2	53.0	85.8	37.6
粘　土	56.2	2.715	8.5	30.8	18.7	42.0	78.9	45.6

【施工後の状況，その他】
①流動性
　　約1時間の運搬で，流動性はフロー値240 mmから180 mmに低下したものの，目標値は満足しており，施工には支障がなかった．
②施工性
　　打設後は，ブリーディングなどは認められず，養生2日目には次の工程を実施できる程度の強度発現が得られた．
③強度
　　打設後に現場でサンプル採取して一軸圧縮強さを調査した結果，$q_u = 2 \sim 6\,\mathrm{kgf/cm^2}$となり，目標値を満足していた．また製造時にプラントで採取したサンプルの品質管理試験結果ともほぼ同様の結果となっており，運搬・打設にともなう品質の低下はみられなかった．

【参考文献】

第 5 章　適 用 事 例

用　　途	共同溝躯体周辺部埋戻し	目　的	共同溝躯体側部および頂版上部の埋戻し
工 事 名	福島共同溝（その15）工事		
工事場所	大阪府大阪市		
事業主体	近畿地方建設局大阪国道工事事務所	工　期	H5.10 〜 H6.3

【工事概要】

　JR大阪駅の南西約 0.7 km に位置する大阪市北区曽根崎から福島区大開町に至る約 2 500 m の区間において，電話・電気・水道の幹線を収容する幹線共同溝と下水共同溝，供給管共同溝の新設工事が行われた．それにともない，共同溝躯体の側部および上部の空間を流動化処理土で埋戻した．流動化処理土による埋戻し土量は約 1 600 m³ である．

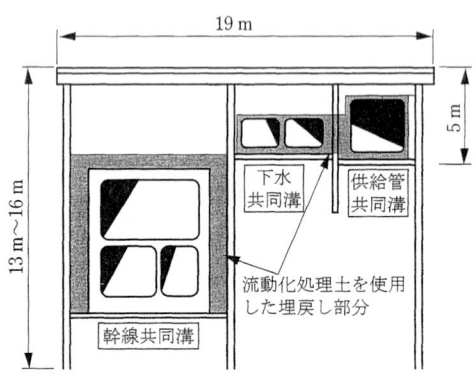

事例図-3.1　流動化処理土による埋戻し部分

【施工概要】

　現場内に設置したプラントで流動化処理土を製造し，それをポンプで打設地点に圧送し打設した．なお原料土には，共同溝の掘削工事にともなう発生土を用いた．施工システムを事例図-3.2 に示す．

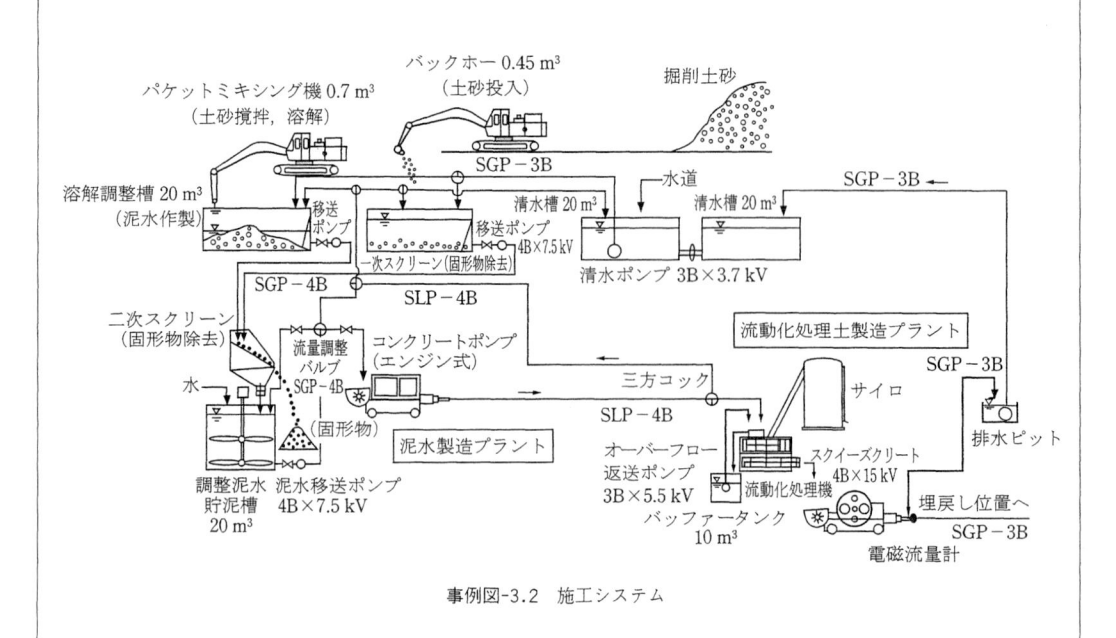

事例図-3.2　施工システム

事例 3

【使用材料】
固化材は一般軟弱土用セメント系固化材である．事例表-3.1に流動化処理土の配合を示す．また，事例表-3.2に流動化処理土の品質管理目標値を示す．

事例表-3.1 流動化処理土の配合

調整含水比 (％)	配合(kg/m³) 土量(乾燥重量)	水量	固化材
150	518	778	90

事例表-3.2 品質管理目標値

泥水密度 (g/cm³)	フロー値 (mm)	ブリーディング率 (％)	一軸圧縮強さ (kgf/cm²)
1.33±0.1	180～250	3以下	$q_{u28} \geq 1.0$

【適用土質】
原料土として用いた発生土の物理的性質を事例表-3.3に示す．

事例表-3.3 発生土の物理的性質

自然含水比 (％)	湿潤密度 (g/cm³)	土粒子の密度 (g/cm³)	液性限界 (％)	塑性限界 (％)	粒度塑性(％) 礫	砂	シルト	粘土	強熱減量 (％)	pH	日本統一土質分類
53.5	1.690	2.678	55.8	30.2	0	4	68	28	5.94	9.4	C'H

【施工後の状況，その他】
・施工後の状況

山留め壁と共同溝躯体との間など狭小な空間にも隙間なく充填が行われており，充填性は良好であった．また打設翌日には，十分な強度発現が認められた．

事例写真-3.1 共同溝躯体と土留め材との間に打設される流動化処理土

【参考文献】
1) 大下, 中江, 菊池：流動化処理工法を用いた埋戻し, 土木学会第49回年次学術講演会講演集

第 5 章　適 用 事 例

用　　途	地下鉄駅舎の埋戻し	目　的	開削工法で施工される地下鉄駅舎部の側部および頂版上部の埋戻し
工 事 名	地下鉄 7 号線延伸工事		
工事場所	大阪市大正区，西区		
事業主体	大阪市交通局	工　期	H7.10～H8.12

【工事概要】

　本工事は，大阪市地下鉄大正延伸工事区でのシールド工事において，メタンガス対策としてポンプ圧送された流動性の高い掘削土砂を流動化処理し，開削工法で施工される駅舎の側部および頂部の埋戻しに用いたものである．埋戻しに流動化処理土を用いることにより，従来の山砂等を用いた埋戻しに比べて閉所での施工性・安全性の向上が図れる．埋戻し部の標準断面図を事例図-4.1 に示す．

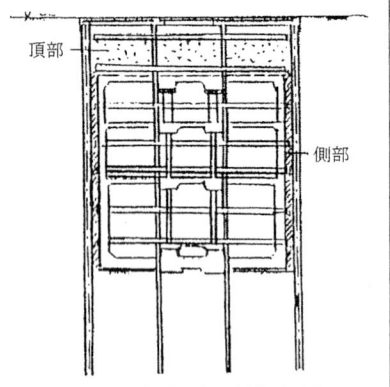

事例図-4.1　埋戻し部の標準断面図

【工法の概要】

　本工事では，セメント，水および高流動性の掘削土砂をミキサー車（土塊などを粉砕できるよう，通常のアジテーター車のドラムを改造したもの）に直接積み込み，混練する方式をとっており，定置式プラントなどは用いていない．流動化処理土の製造・施工手順を事例図-4.2 に示す．

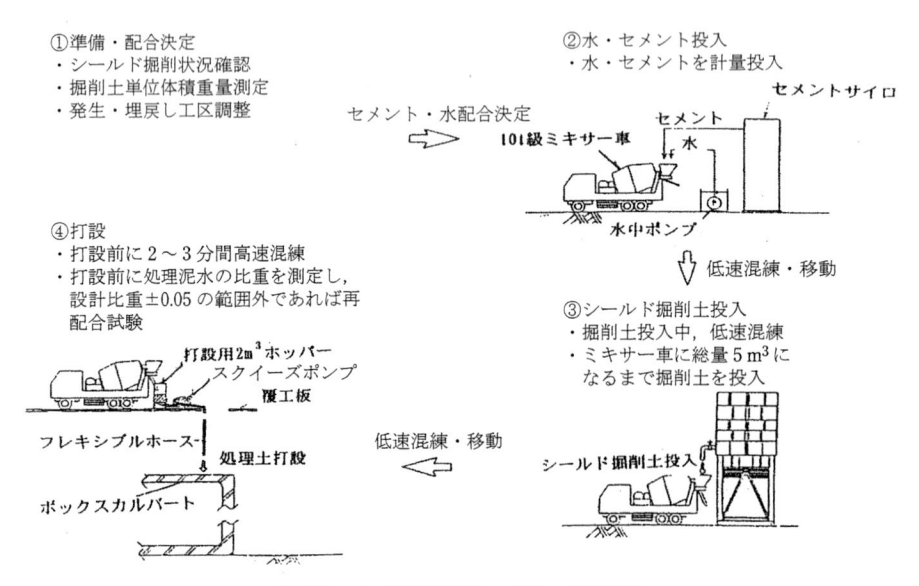

①準備・配合決定
・シールド掘削状況確認
・掘削土単位体積重量測定
・発生・埋戻し工区調整

②水・セメント投入
・水・セメントを計量投入

③シールド掘削土投入
・掘削土投入中，低速混練
・ミキサー車に総量 5 m³ になるまで掘削土を投入

④打設
・打設前に 2～3 分間高速混練
・打設前に処理泥水の比重を測定し，設計比重±0.05 の範囲外であれば再配合試験

事例図-4.2　流動化処理土の製造・施工手順

【使用材料】

発生土：シールド掘削土砂（沖積粘土層，沖積砂層，洪積粘土層，洪積砂層から掘削されたもの）
セメント：普通ポルトランドセメント
目標強度：側部 $q_u > 8$ (kgf/cm²) 　　頂部 5 (kgf/cm²) $> q_u > 2$ (kgf/cm²)

処理土の配合を事例表-4.1に示す．駅舎の側部と頂部とでは処理土の目標強度が異なるため，頂部はセメント量 100 kg/m³，側部は 200 kg/m³ と 300 kg/m³ の配合を基本とした．

事例表-4.1　処理土の標準配合（処理土 1 m³ 当り）

	セメント	水	土砂	打設箇所
A	100 kg	440 kg	0.53 kg	頂部
B	200 kg	382 kg	0.55 kg	側部
C	300 kg	382 kg	0.52 kg	側部

【適用土質】

主として沖積粘土層（A_c）から掘削された土砂が原料土として用いられたが，沖積砂層（A_s），洪積砂層（D_s）からの掘削土砂も用いられた．それぞれの物性を事例表-4.2に示す．

事例表-4.2　掘削した地盤の物性

地層	N 値	土粒子密度 (kg/cm³)	自然含水比 (%)	湿潤密度 (g/cm³)	礫分 (%)	砂分 (%)	シルト分 (%)	粘土分 (%)
A_{s1}	0～60	2.505～2.743	9.1～69.6	1.876	0～70	0～94	3～70	3～43
A_c	1～20	2.582～2.700	17.3～60.2	1.636～1.909	0～7	0～59	32～72	21～55
A_{s2}	5～45	2.637～2.670	1.55～30.7	(1.800)	0～15	36～86	4～38	4～26
D_c	3～60	2.607～2.667	21.5～76.9	1.537～1.876	0～34	0～79	8～70	11～63
D_s	10～60	2.626～2.679	11.1～36.5	1.919	0～17	30～89	4～34	4～39
D_g	29～60	2.637～2.656	5.3～10.7	(2.000)	40～09	27　61	4～11	

【施工後の状況，その他】

本工事では，処理土製造時の品質管理のため，処理土の単位体積重量，一軸圧縮強さ（7日後，28日後）等の調査を行っており，強度については目標値を満足している．

【参考文献】

1) 江坂，有岡，森，後藤：シールド発生土を用いた地下鉄躯体部の埋戻し（その1）―粘性土を用いた中低強度安定処理土の施工管理システムの事例―，材料学会第2回地盤改良シンポジウム，H9.1
2) 有岡，森，小野，許：シールド発生土を用いた地下鉄躯体部の埋戻し（その2）―中低強度安定処理土の物性・力学特性―，材料学会第2回地盤改良シンポジウム，H9.1

第5章 適用事例

用　　途	路面下空洞充填	目　　的	路面下空洞の非開削充填
工 事 名	西五反田路面下空洞充填工事		
工事場所	東京都西五反田		
事業主体	(財)道路保全技術センター	工　　期	H5.12

【工事概要】

　国道路面下に発見された空洞の充填に流動化処理土を適用した．現場は都市部の道路であり，交通量は終日多い．路面下の空洞は，地中レーダーおよびスコープによる調査の結果，面積6 m^2，厚さ0.35 m程度と推定された．空洞発生の原因としては，空洞周辺に埋設管等の地中構造物が存在しないこと，地下水流がないことなどから，交通振動等の影響による埋戻し材の体積減少と考えられる．

事例写真-5.1　現場周辺の状況

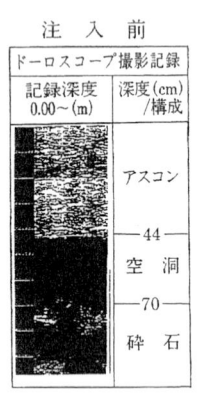

事例写真-5.2　発見された空洞（スコープ写真）

【施工概要】

　施工で用いた移動式流動化処理プラントを事例図-5.1に示す．プラントはバッチ式混練機，圧送ポンプ，流動計からなっている．混練プラントは最大処理量0.7 m^{3}のバッチ式，圧送ポンプは最大吐出量2.5 m^3/hのスクイーズポンプを用いた．なお充填は移動車上の混練機からの直投で十分な圧力水頭を確保できるが，流量の把握が難しいため，ポンプを用いて圧送した．施工手順を以下に示す．

①打設孔掘削に続き打設孔検測・コア検測・調査孔掘削
②資材・設備搬入
③空洞のドーロスコープ調査
④充填施工および品質管理

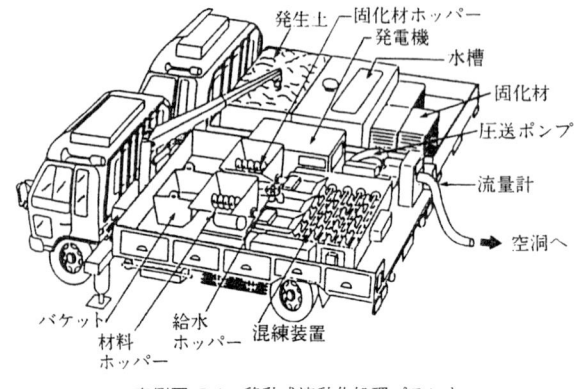

事例図-5.1　移動式流動化処理プラント

事 例 5

【使用材料】
発 生 土：関東ローム
固 化 材：軟弱地盤用セメント系固化材
処理土比重：1.30

事例表-5.1 処理土の配合

調整含水比 (%)	単位配合(kg/m³)			泥水密度 (t/m³)	泥水 Pロート (s)	処理土 Pロート (s)	一軸圧縮強さ(kgf/cm²)			処理土密度 (t/m³)
	ローム	水	固化材				1日	7日	28日	
275	627	513	160	1.204	10.9	13.7	1.60	1.95	3.14	1.300

【適用土質】
　原料土として使用した発生土は，関東ローム（千葉県産，土粒子密度 2.744 g/cm³，自然含水比 106.2％）である．

【施工後の状況，その他】
・施工後の状況
　①充填性
　　スコープ調査により充填状況を確認した結果，完全な充填がなされていることがわかった．
　　ハンディ型地中レーダーでの調査では，空洞を示す異常信号が充填後消えており，充填性は良好であった．
　②道路占有面積
　　移動式流動化処理プラント，空洞削孔作業域，導流体をあわせると，総道路占有面積は2車線 50 m 程度となった．
　③施工性
　　車載型の移動式バッチ型プラントを採用し，3.63 m³ の流動化処理土を投入するのに要した時間は 3 時間 45 分程度であった．施工当日は雨天であったが，処理土製造および打設に対する雨水の影響はなかった．
・その他
　施工時に騒音測定を行ったが，プラントの稼働時と休止時の騒音の差が見られなかった．現場は交通量の多い国道であり，プラントの騒音は周辺の交通騒音以下であったと考えられる．

【参考文献】
1) 三木博史, 岩淵, 三木幸一, 他2名：流動化処理工法による路面下空洞充填施工試験の概要報告, 第49回土木学会研究発表会, H6.9
2) 久野, 三木, 岩淵, 森, 他2名：流動化処理工法による路面下空洞充填試験施工, 土と基礎, vol.143-2, H7.2

第5章　適用事例

用　　途	路面下空洞充填	目　的	路面下空洞の非開削充填
工 事 名	鶴見区路面下空洞充填工事		
工事場所	横浜市鶴見区		
事業主体	(財)道路保全技術センター	工　期	H7.2

【工事概要】

　供用中の道路面下に発見された空洞の充填に流動化処理土を適用した．空洞は，路面下1m程度の深さにあり，面積5m^2，体積1m^{3}程度の大きさである．なお長期的な耐久性などを考慮して，高密度な流動化処理土を用いている．施工時には路面に注入孔を設けて，そこから流動化処理土を圧送し注入した．

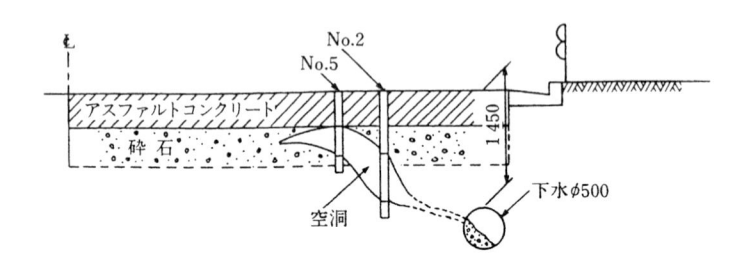

事例図-6.1　空洞および周辺部の状況

【施工概要】

　流動化処理土の施工システムを事例図-6.2に示す．
　施工手順は以下のとおりである．
①バックホーおよびベルトコンベアにより，粘性土をミキサーに投入後，加水して解泥する．
②解泥した泥水の比重を確認後，山砂をミキサーに投入し，撹拌する．
③固化材を所定量添加・混練して流動化処理土を製造する．
④製造した流動化処理土は，アジテータ車に積載して，現地まで運搬する．
⑤現地で道路規制を開始し，注入孔を設ける．
⑥コンクリートポンプ車を用いて注入孔から流動化処理土を空洞に圧送する．
⑦路面探査を行い充填を確認した後，道路規制を解除する．

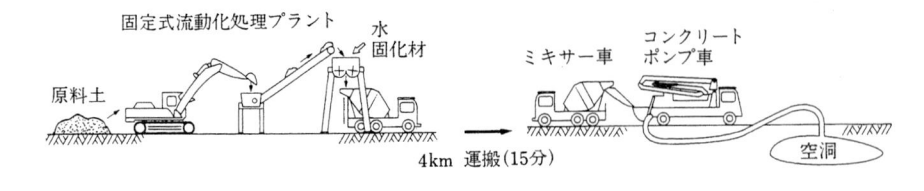

事例図-6.2　調整泥水式流動化処理施工システム

事 例 6

【使用材料】
調整泥水：泥水比重（1.10），材料（関東ローム）
発 生 土：山砂
固 化 材：高炉セメントB種

事例表-6.1 処理土の配合

泥水比重	泥水混合比 P	固化材添加量 C (kg)	単位配合（処理土1m³） 泥水 粘性土 (kg)	水 (kg)	山砂 (kg)	目標値 単重 (t/m³)	フロー (mm)	q_{u28} (kgf/cm²)	CBR_7 (%)
1.10	0.35	152	126	318	1 269	1.87	180	10.0	30

【適用土質】
流動化処理土の製造に用いた土の土質を**事例表-6.2**に示す．

事例表-6.2 土質試験結果

産地・名称	自然含水比 (%)	土粒子の密度 (g/cm³)	粒度構成(%) 礫分	砂分	シルト分	粘土分	液性限界 (%)	塑性限界 (%)
横浜港北産ローム	99.9	2.775	9.1	26.9	20.0	44.0	114	82
木更津産山砂	14.0	2.745	5.5	84.7	8.6	1.2	NP	NP

【施工後の状況，その他】
・施工後の状況
 ①充填状況
　　フロー値がやや低い（180 mm）にもかかわらず，複雑な形状の空洞を，十分に充填できることが確認された．
 ②施工性
　　施工現場において，アジテータ車到着から充填終了までの時間が約30分間と非常に短く，道路規制に有する時間を考慮しても，一晩で複数の空洞充填施工の可能性が確認できた．
 ③強度
　　材齢28日での強度は，一軸圧縮強さは10 kgf/cm²，CBRは74％であり，目標値を満足していた．また施工から1年以上経過した後も，路面にひび割れや沈下などの変状は見られない．

【参考文献】
1) 三木，森，久野，岩淵，他2名：流動化処理工法による路面下空洞充填施工試験の概要報告（その2），第50回土木学会研究発表会，H7.9
2) 三木，森，久野：流動化処理工法による路面下空洞の充填，第21回日本道路会議一般論文集，H7.10

第5章　適用事例

用　　途	埋設管の埋戻し	目　的	複雑な形状の管路の埋戻し
工　事　名	埋設管模型埋戻し実験		
工事場所	建設省土木研究所内		
事業主体	土木研究所・(社)日建経中技研	工　期	H6.2

【工事概要】
　通信ケーブルの地中埋設管（5条×6段）を再現したモデルを用いて，流動化処理土による埋戻し実験を行った．なお，建設発生土の再生利用促進，流動化処理土の品質や長期安定性の向上を図るため，高密度な流動化処理土を製造し，実験に用いた．

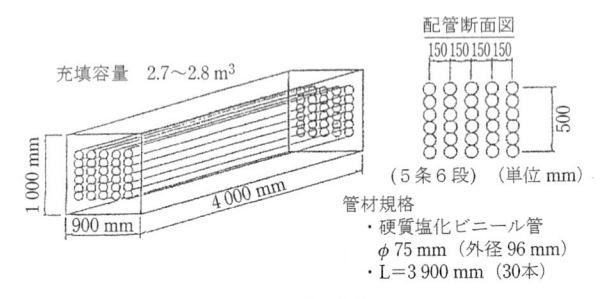

事例図-7.1　埋戻し実験モデル

事例写真-7.1　配管状況

充填容量　2.7～2.8 m³
1,000 mm　900 mm　4,000 mm
配管断面図　150 150 150 150　500
（5条6段）（単位 mm）
管材規格
・硬質塩化ビニール管
　φ75 mm（外径 96 mm）
・L=3,900 mm（30本）

【施工概要】
　施工システムを事例図-7.2に示す．
　施工手順は以下のとおり．
①泥水プラントのホッパーに，バックホーで粘土を投入し解泥する．
②解泥した泥水をポンプで調整泥水槽に圧送し，泥水の比重を調整する．
③製造した調整泥水をスクイーズポンプで流動化処理プラントに投入，添加材（山砂・礫・固化材）を定量添加・混練し連続的に流動化処理土を製造する．
④製造した流動化処理土をミキサー車で運搬し，打設する．

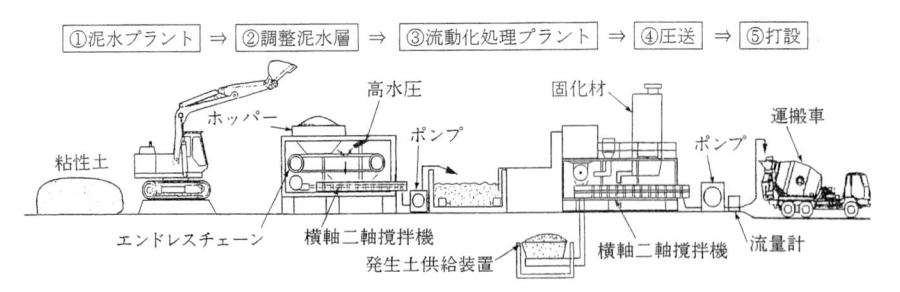

①泥水プラント ⇒ ②調整泥水層 ⇒ ③流動化処理プラント ⇒ ④圧送 ⇒ ⑤打設

粘性土　ホッパー　高水圧　ポンプ　固化材　ポンプ　運搬車
エンドレスチェーン　横軸二軸撹拌機　発生土供給装置　横軸二軸撹拌機　流量計

事例図-7.2　調泥式流動化処理施工システム

事例 7

【使用材料】
調整泥水：泥水比重（1.11）　材料（関東ローム）
固 化 材：軟弱地盤用セメント系固化材
発 生 土：関東ローム・山砂・礫

事例表-7.1　処理土の配合

発生土名称	泥水比重	泥水(kg)	発生土(kg) ローム	発生土(kg) 山砂	発生土(kg) 礫	固化材(kg/m³)	泥水混合比
関東ローム	1.11	578	762	—	—	100	0.76
山砂	1.11	424	—	1464	—	100	0.29
山砂＋礫	1.11	434	—	1445	386	100	0.24

【適用土質】
高密度流動化処理土を製造するにあたり用いた材料の土質試験結果を事例表-7.2にまとめる．

事例表-7.2　土質試験結果

	ローム	山砂	礫
産地	茨城県下浩産	茨城県江戸崎産	製品名：2005
密度	2.809 g/cm³	2.714 g/m³	—
含水比	71.88 %	8.83 %	1.15 %
均等係数	14.1	6	2.3
塑性指数	31.5	—	—
礫分（%）	0	0	100
砂分（%）	5	89	0
シルト分（%）	27	4	0
粘土分（%）	68	6	0

【施工後の状況，その他】
・施工後の状況
　①充填性
　　ほぼ100 %に近い充填率となった．また，目視によっても空隙は確認されなかった．
　②反応熱
　　流動化処理土の固化時に反応熱を発生したが，著しい温度上昇は見られなかった．
　③砕石の分散状況
　　目視により，ほぼ均一に砕石が分散していることが確認された．
　④浮力
　　処理土の打設時に発生する埋設管の浮力はフロー値により異なる傾向があり，フロー値の小さい処理土では埋設管に働く浮力が，処理土比重と埋設管体積から算出される理論値の浮力よりも低いことが確認された．

【参考文献】
1) 久野，三木，持丸，岩淵，加々見，大山：発生土の利用率を高めた流動化処理土の充填性に関する大型実物大実験の報告，第29回土質工学会研究発表会，H6.6
2) 久野，森，神保，本橋，市原，三ツ井，吉原：発生土の利用率を高めた流動化処理土における配合の考え方，第29回土質工学会研究発表会，H6.6
3) 久野，持丸，竹田，加々見：発生土の利用率を高めた流動化処理土の浮力に関する実物大実験，土木学会第49回年次学術講演会，H6.9
4) 久野，森，神保，岩淵：発生土の利用率を高めた流動化処理土の強度特性，土木学会第49回年次学術講演会，H6.9

第5章 適用事例

用　　途	埋設管の埋戻し	目　　的	流動化処理で埋戻されたフレキシブル管に働く交通荷重の影響を調査
工　事　名	多条埋設管の応力伝搬に関する実験		
工事場所	アロン化成研究所内		
事業主体	土木研究所・(社)日建経中技研	工　　期	H8.2～H8.5

【工事概要】
　電線共同溝(CCP-BOX)の実物大模型を作成し，交通荷重載荷時の埋設管に生じるひずみ，沈下，路面のたわみなどを測定し，その影響を調査した．

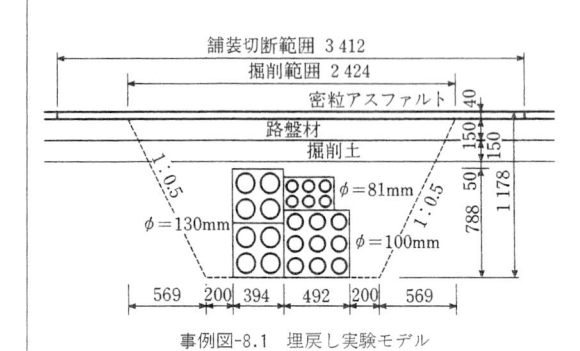

事例図-8.1　埋戻し実験モデル　　　　事例写真-8.1　配管状況

【施工概要】
　施工システムを事例図-8.2に示す．流動化処理土の製造は車載式の移動式プラントにより行った．
　施工手順は以下のとおり．
①解泥槽に一定量の水を入れサンドポンプにより攪拌しながら粘土を投入する．
②解泥槽の密度を確認して微調整を行い，調整泥水を製造する．
③調整泥水をサンドポンプにより流動化処理プラントに投入，山砂・固化材を一定量投入し攪拌する．
④コンクリートポンプにより流動化処理土を実験模型に打設する．

事例写真-8.2　流動化処理土打設状況

事例 8

【使用材料】
調整泥水：泥水密度（1.30 t/m³），材料（乾燥粘土）（水道水）
固 化 材：速硬型セメント系固化材
発 生 土：愛知県常滑産山砂

事例表-8.1　処理土の配合

泥水密度	処理土配合(kg/m³)				処理土密度	フロー値	ブリーディング率	一軸圧縮強さ(kgf/cm²)		
(t/m³)	粘性土	水	発生土	固化材	(t/m³)	(mm)	(％)	3日	7日	28日
1.3	210	355	1 256	68	1.890	160	≦1	1.5	2.4	4.1

【適用土質】
流動化処理土を製造するにあたり使用した材料の土質試験結果を事例表-8.2にまとめる．

事例表-8.2　土質試験結果

	土粒子の密度 (g/cm³)	自然含水比 (％)	粒度(％)			液性限界 (％)	塑性限界 (％)
			粘土・シルト	砂	礫		
山砂	2.638	7.3	6.0	94.0	0	N.P	N.P

【施工後の状況，その他】
・施工後の状況
　①埋設管のひずみ
　　流動化処理土打設後，11 tダンプを使用した載荷実験を行なった結果，トラックが静止した状態で0.02％程度のひずみが生じていた．これは山砂により施工された場合の約1/15程度の値である．
　②路面のたわみ
　　路面のたわみをベンゲルマンビームにより測定した結果0.8 mmであった．これは山砂により施工された場合の1/2程度の値である．

事例写真-8.3

【参考文献】

第5章　適用事例

用　　途	坑道の埋戻し	目　的	大規模な地下坑道の埋戻し
工 事 名	横浜地区坑道埋戻し工事		
工事場所	神奈川県横浜市		
事業主体	神奈川県横浜市	工　期	H6.10～H6.12

【工事概要】
　住宅地の地下に鉱物採掘に用いられた廃坑が存在し，崩落が懸念されるため，流動化処理土による埋戻しを行った．地下坑道は，GL－2m～－11mの範囲に広がっており，全体積は約6 000 m³と推定される．坑道自体は高さ約2m程度の馬蹄形の断面形状を有し，約1haの範囲に碁盤の目のように広がっている．
　そこで今回の試験工事では，1 360 m³の地下坑道を，流動化処理土により埋戻した．

【施工概要】
　施工箇所が住宅地であったため，現場付近にはプラント用地が確保できず，流動化処理プラントと土砂のストックヤードは，施工現場より約2km離れた場所に設置した．運搬にはコンクリート用のアジテータ車を採用した．原料土の土砂には，横浜市内で発生した発生土を運搬・仮置きして用いた．
　なお発生土の利用率を上げるため，埋戻しには比較的高密度な流動化処理土を用いた．埋戻した流動化処理土と坑道天盤との隙間の充填には，より流動性の高い処理土を用い，確実な充填が行われるよう配慮した．

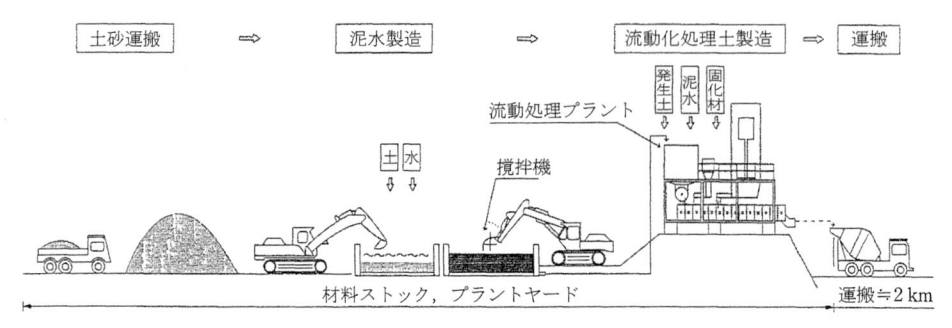

事例図-9.1　施工システム

事例 9

【使用材料】
調整泥水：埋戻し用泥水比重（1.32），材料（関東ローム）
　　　　　充填用泥水比重（1.28），材料（関東ローム）
固 化 材：軟弱地盤用セメント系固化材

事例表-9.1　処理土の配合

	泥水比重	水 (kg/m³)	発生土 (kg/m³)	固化材 (kg/m³)	フロー値 (mm)	一軸圧縮強さ(kgf/cm²) 3日	7日	28日	密度 (kg/cm²)	含水比 (%)
埋戻し用	1.36	509	850	120	250	1.5	2	2.6	1.42	116.4
天盤充填用	1.31	577	732	140	350	2.8	4	5	1.39	131.7

【適用土質】
流動化処理土を製造するにあたり用いた材料の土質試験結果を事例表-9.2に示す．

事例表-9.2　土質試験結果

自然含水比 (%)	土粒子の比重	粒度構成(%) 粗粒分	細粒分
50.8～70.0	2.764	49.2	50.8

【施工後の状況，その他】
①充填性
　　フロー値の低い高密度な埋戻し処理土と，フロー値の高い天盤部充填用の処理土を使い分けることにより，完全な充填を行うことができた．
②流動勾配
　　実物大模型実験と現場での観測により，フロー値200～250の流動化処理土は3%前後の流動勾配がつくことが確認された．
③品質管理
　　泥水比重および処理土の密度は，ばらつきが小さくほぼ均一であった．フロー値，一軸圧縮強さには若干のばらつきは見られたが，目標値は満足した．
④周辺環境調査
　　振動騒音測定の結果，特定建設作業で定められている基準値以内に収まった．また，周辺の地下水の水質にも影響は見られなかった．

【参考文献】
1) 久野,神保,平田,岩淵,阿部：流動化処理土による坑道埋戻しに起因する周辺環境への影響に関する一考察（その1），第30回土質工学研究発表会，H7.7
2) 久野,本橋,岩淵,市原,神保：流動化処理土の温度上昇に関する一考察（その1），第30回土質工学研究発表会，H7.7
3) 久野,三木,森,石淵,二ノ井,市原：流動化処理土による坑道埋戻し充填に関する実物大打設実験，第30回土質工学研究発表会，H7.7
4) 久野,三ツ井,阿部,岩淵,片野：流動化処理土による坑道埋戻し充填試験工事報告，第30回土質工学研究発表会，H7.7
5) 久野,市原,高橋,瀬戸,勝田,原：発生土を用いた流動化処理土の製造と品質に関する報告，第30回土質工学研究発表会，H7.7
6) 久野,阿部,斉藤,高橋,市原：流動化処理土による坑道埋戻し工事の出来形管理に関する一考察，第50回土木学会研究発表会，H7.9

第5章　適用事例

用　　　途	管路内部の埋戻し充填	目　的	使用されていない埋設管内部の充填
工　事　名	首都高 IC 旧消火用通水管充填工事		
工事場所	東京都区内		
事業主体	首都高速道路公団	工　期	H8.4

【工事概要】

　橋梁下部工事で地下埋設管の一部撤去を行うにあたり，存置する埋設管内部への周辺土砂の流入を防止するため，流動化処理土による管内の埋戻し充填を行った．充填する管は，昭和40年台に構築された消火用の通水管で，施工範囲は延長約303 mである．流動化処理土の打設は，No.2およびNo.3の消火栓から，自重落下による直接打設およびポンプ圧送で行った．

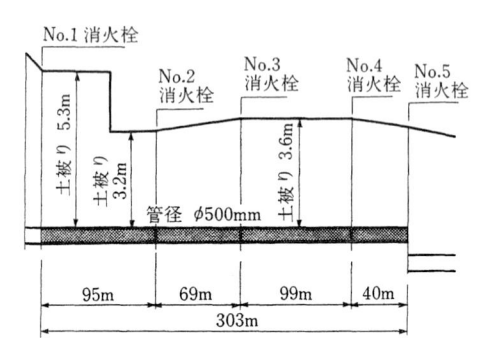

事例図-10.1　充填した埋設管の概要

【施工概要】

　施工に用いた流動化処理土製造システムを事例図-10.2に示す．
①解泥用水槽に発生土と水を投入後，攪拌翼付きバックホーで解泥する．
②解泥後，泥水比重の調整を行って，流動化処理プラント（車載式）に送泥する．
③固化材を投入・混練して，流動化処理土を製造する．
④コンクリートポンプ車で圧送し打設する．

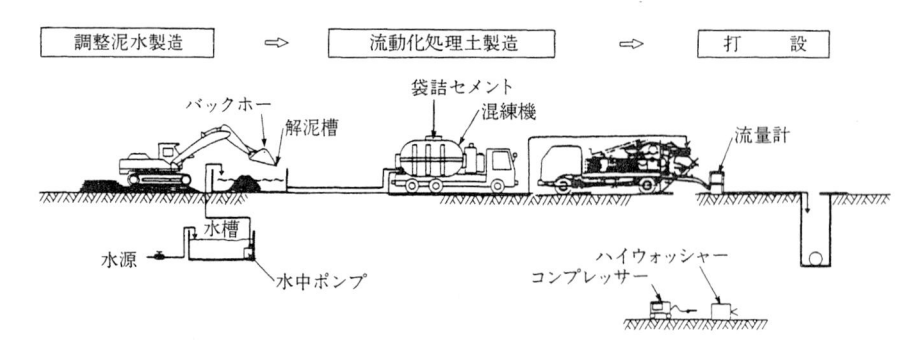

事例図-10.2　流動化処理土製造システム

事例 10

【使用材料】
発生土：沖積粘土
固化材：一般軟弱地盤用セメント系固化材

事例表-10.1　流動化処理の配合

単位配合 (kg/m³)			泥水密度 (g/cm³)	処理土密度 (g/cm³)	フロー値 (mm)	ブリーディング率 (%)	一軸圧縮強さ (kgf/cm²)
粘土	水	固化材					
664	497	152	1.22	1.31	300	1 以下	2 以上

【適用土質】
流動化処理土製造に用いた建設発生土の土質試験結果を事例表-10.2に示す．

事例表-10.2　土質試験結果

名称	自然含水比 (%)	土粒子の密度 (g/m³)
粘土	101	2.72

【施工後の状況，その他】
・施工後の状況
①流動性
　高さ約3mから自重落下させたフロー値300mmの流動化処理土は，管路内の70mの範囲まで流動していったことが確認された．
②充填性
　充填後に撤去された管を目視で確認したところ，管内が完全に流動化処理土で満たされている状況が確認された．
③強度
　材齢7日時の一軸圧縮強さは2.3 kgf/cm²で，目標値を満足していた．

事例写真-10.1　管内の充填状況

【参考文献】

第5章　適用事例

用　　途	橋脚基礎部の埋戻し	目　的	橋脚基礎周辺の狭隘な空間の埋戻し
工事名	BY514・515下部構工事		
工事場所	神奈川県横浜市		
事業主体	首都高速道路公団	工　期	H6.6

【工事概要】

　首都高速道路湾岸線の橋脚基礎工事において，NTT，ガス，水道など複数の埋設管が輻輳して埋設された箇所があり，その部分の埋戻しに流動化処理土を適用した．橋脚基礎杭の施工時に発生した掘削土を原料土として用いた．

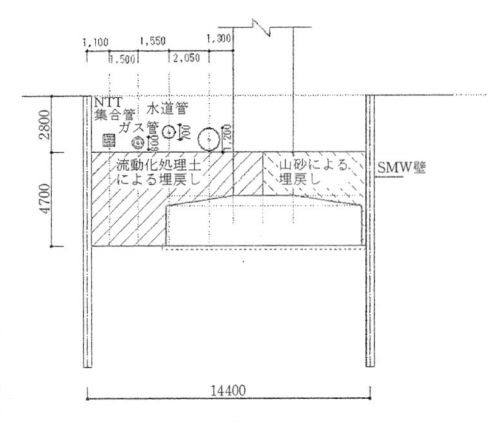

事例図-11.1　施工概要図

事例写真-11.1　処理土打設状況

【施工概要】

　施工手順を以下に示す．
①解泥槽に一定量の水と発生土を投入・攪拌し，泥水を製造する．
②解泥槽の泥水の密度を測定し，泥水比重の調整を行う．
③泥水をスクイーズポンプにより流動化処理プラントへ圧送し，固化材を添加して混練を行う．
④コンクリートポンプにより打設箇所に圧送し，打設を行う．

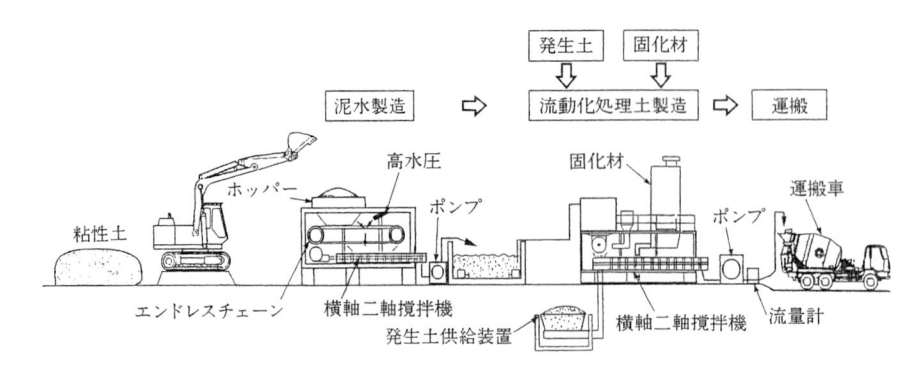

事例図-11.2　流動化処理土製造システム

【使用材料】
発生土：シルト
水　：水道水
固化材：一般軟弱土用セメント系固化材

事例表-11.1　流動化処理土配合表

泥水密度 (kg/m³)	単位配合(kg/m³) 泥水	泥水内訳 土	泥水内訳 水	固化材	処理土密度 (t/m³)	目標フロー値 (mm)	ブリーディング率(%)
1.35	1 309	861	449	100	1.41	180	1.0以下

【適用土質】
流動化処理土を製造するのに使用した建設発生土の土質試験結果を事例表-10.2にまとめる.

事例表-11.2　土質試験結果

自然含水比 (%)	土粒子の密度 (g/cm³)	湿潤密度 (g/cm³)	粒度構成(%) 礫分	砂分	シルト分	粘土分	液性限界 (%)	塑性限界 (%)	pH	強熱減量 (%)
61.2	2.746	1.595	0	4.4	60.7	34.9	51	32.7	9.08	5.87

【施工後の状況，その他】
・施工後の状況
　①強度
　　　一軸圧縮強さの目標値3kg/cm²を満足した．
　②沈下
　　　施工完了後，6ヵ月間沈下計測を行った結果，施工直後に7mm程度の沈下を示した後は，沈下はほとんどなく安定している．

【参考文献】
1)　岩淵常太郎 他：流動化処理土による埋設管の密集する橋脚基礎の埋戻し工事報告，第50回土木学会研究発表会Ⅵ

第 5 章　適 用 事 例

用　　途	埋設管の埋戻し	目　的	ガス管および防護管の埋戻し
工 事 名	横浜地区ガス導管設置工事		
工事場所	神奈川県横浜市市道		
事業主体	東京ガス(株)	工　期	H8.6

【工事概要】

　ガス管および防護管の埋戻しに流動化処理土を用いた．特に，ガス管本体の底側部，ガス管本体と防護管との隙間の空間は通常の砂では埋戻し・充填が非常に困難であり，流動化処理土による埋戻しが適用されたものである．

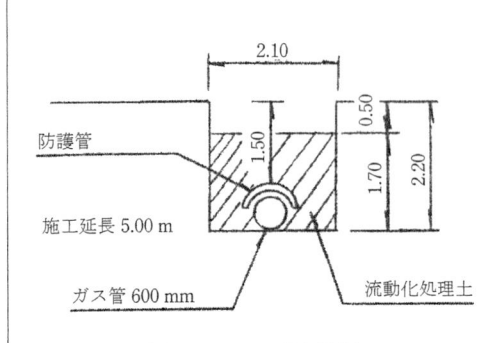

事例図-12.1　現場配管状況

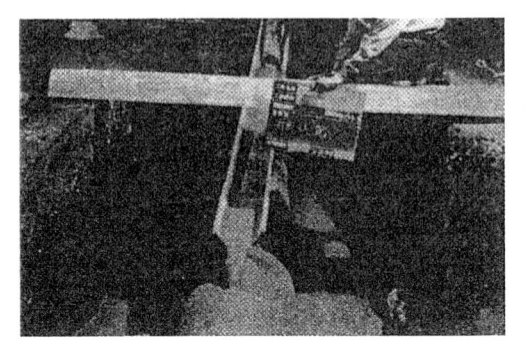

事例写真-12.1　処理土打設状況

【施工概要】

　流動化処理土の施工システムを事例図-12.2に示す．
　施工手順を以下に示す．
①混合プラントのホッパーにバックホーで原料土を投入する．
②原料土と水を混合し泥水を製造する．
③製造した泥水をミキサー車に投入し，現場まで搭載運搬する．
④現場にて混合槽に泥水を投入し，固化材を添加・混練して流動化処理土を製造する．
⑤掘削溝へ流動化処理土を直接投入して打設する．

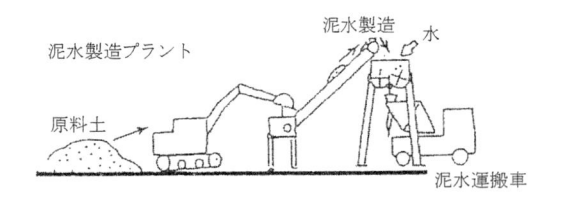

事例図-12.2　施工システム概要

事 例 12

【使用材料】
流動化処理土：密度（1.601 t/m³），材料（埋戻し用山砂，関東ローム，水道水）
固化材　　　：速硬型セメント系固化材

事例表-12.1　処理土の配合

処理土配合(kg/m³)				処理土密度(t/m³)	フロー値(mm)	ブリーディング率(%)	一軸圧縮強さ(kg/cm²)	
ローム	水	山砂	固化材				1時間	28日
180	320	1 070	120	1.601	170	1%≦	0.5以上	2.0以上

【適用土質】
流動化処理土を製造するにあたり，使用した材料の土質試験結果を事例表-12.2, 12.3に示す．

事例表-12.2　土質試験結果

種　別	関東ローム	山砂
自然含水比	129.0%	16.4%
比重	2.817	2.809

事例表-12.3　砂の粒度構成(産地：千葉県香取郡神崎町)

粒径(mm)	19.0	9.5	4.75	2.0	0.85	0.425	0.25	0.106	0.075
通過百分率(%)	100.0	99.1	98.6	97.5	91.7	57.3	24.8	1.5	1.1

【施工後の状況，その他】
・施工後の状況
　①充填状況
　　フロー値が170 mmとやや低いにもかかわらず，ガス管側部およびガス管と防護管との隙間にも完全に充填を行うことができた．
　②打設後の品質試験結果を事例表-12.4に示す．

事例表-12.4　品質管理試験結果

経過時間	打設後	3分後	30分後	4時間	3日後	7日後	28日後
フロー値(mm)	270	170	—	—	—	—	—
q_u(kgf/cm²)	—	—	0.26	1.22	1.67	1.90	4.15

【参考文献】

第 5 章　適 用 事 例

用　　途	受け防護工省略埋戻し工事	目　的	複数の埋設管が密集する区間で管体の受け防護が作業空間から難しいための代替埋戻し工
工　事　名	配水本管敷設替工事		
工事場所	台東区竜泉		
事業主体	東京都	工　期	H8.10

【工事概要】
　配水本管（700 mm）の敷設替工事の内，国道交差点部分で複数の企業体の埋設管が密集した箇所があった．事例図-13.1 に代表的な施工断面を示す．この図から，ガス管の受け防護工が制水弁室と真下の既存埋設管のため困難と判断され，受け防護代替として流動化処理土による埋戻しが採用された．配水管は水道管で新設延長は 640 m，水道管の撤去は合計 1 200 m，制水弁室は合計 9 箇所で，埋戻し土量は合計 800 m³，流動化処理土の原料土は，現場の掘削土を用いた．

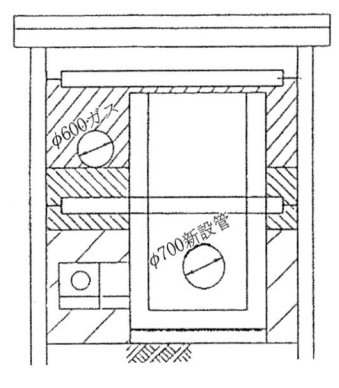

事例図-13.1　施工断面

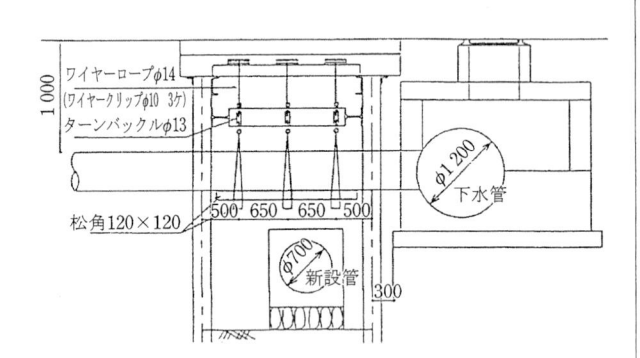

事例図-13.2　吊り防護施工

【施工概要】
　流動化処理土の製造方法を事例図-13.3 に示す．現場は交通量が多く，発生土をストックする適当な場所がなく，10 km ほど離れた場所にヤードを設けて，製造された処理土を運搬打設した．
施工手順は以下のとおり．
①発生土を必要量の水を溜めた水槽に投入し，バケットミキサーで解泥する．
②解泥した泥水をスクイーズポンプで貯泥槽に圧送し，泥水の比重を調整する．
③調整泥水をスクイーズポンプでバッチ式混練機に投入，固化材を定量添加し流動化処理土を製造する．
④製造した流動化処理土をミキサー車に搭載運搬する．
⑤現地で簡易ホッパーに直投打設する．

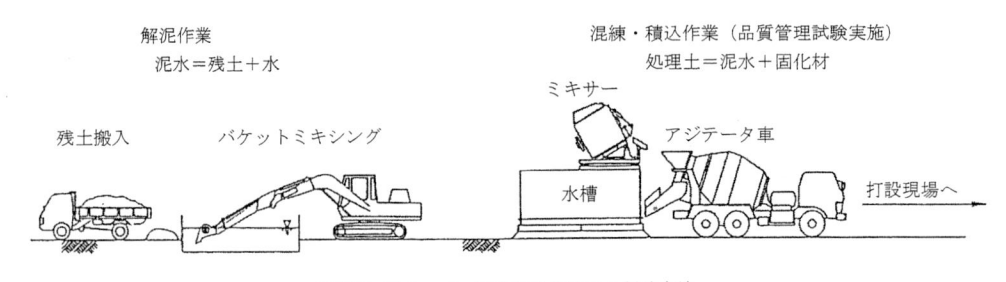

事例図-13.3　バッチ式流動化処理土製造方法

【使用材料】
原料土：現場発生土（主に山砂）
　水　：水質検査（pH試験，塩素イオン濃度試験ほか）を実施
固化材：普通ポルトランドセメント

事例表-13.1　流動化処理土配合表

原料土 (kg)	固化材 (kg)	水 (kg)	混和剤 (kg)	q_{u7} (kgf/cm²)	q_{u28} (kgf/cm²)	フロー値 (mm)	ブリーディング率(%)
1,179	80	424	0	1.51	2.77	200	0.5

【適用土質】
　掘削土の代表的な物理性状を事例-13.2に示す．

事例表-13.2　発生土の粒度試験結果

試料番号	自然含水比 (%)	土粒子比重	礫分 (%)	砂分 (%)	シルト分 (%)	粘土分 (%)
①	23.1	2.814	31	40	12	17
②	23.1	2.764	30	30	8	24
③	23.1	2.792	33	37	8	22

【施工後の状況，その他】
・施工後の状況
　①品質管理試験結果
　　品質管理は，最大粒径，一軸圧縮強さ，フロー値，ブリーディング率について100 m³につき1回実施した．結果は当初基準を総て満たした．
　②電位差
　　流動化処理土による埋戻しにより地中に電位差が発生すると鋼管が電飾により劣化する．このため，地中電位差を長期間測定した．その結果，極微量の電位差で，規定値を大きく下回った．
　③埋設管の沈下
　　受け防護代替として流動化処理土を用いた．そのため，埋設管の沈下を長期間測定した．その結果，6ヵ月経過時点で，沈下は発生していない．
　④発生土の管理
　　発生土の管理は，泥水シールド工事で使う砂分計を用いた．簡易な判定ができ発生土の変化を的確に把握できた．

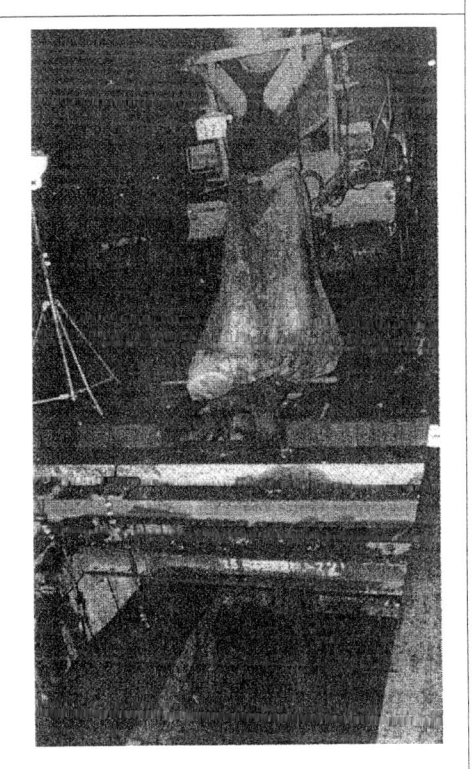

事例写真-13.1

【参考文献】

第5章　適用事例

用　　途	受け防護工代替埋戻し工事	目　的	コンクリート構造脇の露出ガス管の受け防護代替，埋戻しを流動化処理土で行った（試験施工）
工　事　名	国道拡幅工事に伴うガス管埋戻し工事		
工事場所	神奈川県横浜市国道		
事業主体	東京ガス(株)	工　期	H6.7

【工事概要】
　国道バイパス拡幅工事にともないガス管が露出した．受け防護を設置する必要があったが，コンクリート構築物が隣接していたため通常の受け防護工は困難であった．そこで，ガス管が鞘管で防護されていたので，流動化処理土を用いた埋戻し工事を試験的に実施した．工事は1日で行い，打設総量は34 m³であった．
　施工工区箇所と打設状況を事例写真-14.1，14.2に示す．

事例写真-14.1　打設箇所と釣り防護工　　　　事例写真-14.2　打設状況

【施工概要】
　流動化処理土製造は施工現場に移動式のプラントを設置して行った．製造工程は以下のとおりである．
　①解泥混合機に添加水，原料土の順に規定量を投入し3分間混合攪拌する．
　②固化材を規定量添加し，30秒間混練する．
　③混練を継続したまま埋戻し箇所に直投打設する．

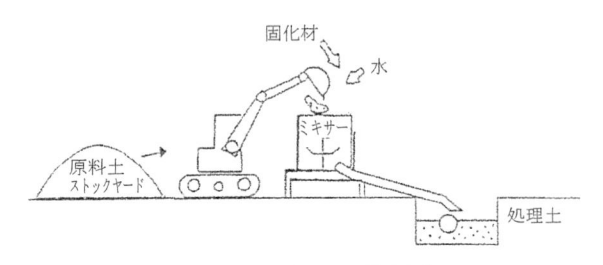

事例図-14.1　処理土の製造方法

事例 14

【使用材料】
発生土：山砂
水　　：水道水
固化材：普通ポルトランドセメント

事例表-14.1　流動化処理土の配合

配　合(kg/m³)	
原料土	1 300
添加水	320
固化材	80

【適用土質】
現場発生土は既に処分されていたため山砂を購入した．性状を事例表-14.2に示す．

事例表-14.2　原料土の性状

土粒子の密度 (g/cm³)	含水比 (%)	粒度(%)				最大粒径 (mm)
		礫	砂	シルト	粘土	
2.682	19.01	1	84	12	3	8.0

【調査の有無，施工後の状況，問題点，その他】

・施工後の状況
　処理土の充填状況が良好であったことを目視により確認した．
　埋戻し総打設量は34 m³であり，製造量と一致した．
・品質管理結果
　品質管理は約6mごとに1回行った．結果を事例表-14.3にまとめる．

事例表-14.3　品質管理結果

No.	一軸圧縮強さ (kgf/cm²)		フロー値(mm)	ブリーディング率(%)
	1 Day	28 Day	打設時	3時間後
1	1.65	4.54	230	0
2	1.78	5.02	220	0
3	1.82	4.94	215	0
4	1.45	4.77	224	0
5	1.60	4.82	218	0
6	1.72	5.04	220	0
平均	1.67	4.86	221	0

事例写真-14.3　打設完了状況

【参考文献】

第5章　適用事例

用　　途	埋設管の埋戻し工事	目　的	受防護の省略および改良土を原料に用いた小規模即日復旧型施工の簡素化
工 事 名	大久保地区NTT管設置工事		
工事場所	東京都区内		
事業主体	NTT（株）	工　期	H9.2

【工事概要】

　歩道部のNTT管敷設後の埋戻しを流動化処理工法で施工した．本現場は他企業管および桝で非常に輻輳しており，通常の砂による埋戻しは締固め機械が入りにくいことから，転圧が不完全になる可能性がある．また他企業桝の沈下の恐れがあるため，埋戻し部を確実に充填できる工法が必要となり，流動化処理土による試験的な埋戻しを実施した．

　今回の現場は埋戻し量が少量（約5 m³）であり，即日交通解放する必要があった．従来の，調整泥水を現場まで運搬し現場で固化材と混合して打設する施工形態ではなく，事前に性状を把握している改良土を用いて簡素化施工を行った．

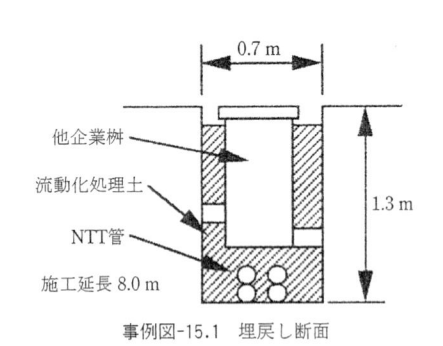

事例図-15.1　埋戻し断面　　　事例写真-15.1　埋設物状況

【施工概要】

　施工に用いた資機材配置を事例図-15.2に示す．

　施工手順は以下のとおり．

①NTT管の敷設後，バックホー，ダンプ，給水車，ミキサーなどを配置する．
②給水車よりミキサーへ水を投入する．
③バックホーにて改良土をミキサーへ投入する．
④標準配合量投入後，混練し泥水を製造する．
⑤泥水に固化材を投入し，混練する．
⑥掘削溝へ製造した流動化処理土を直投打設する．

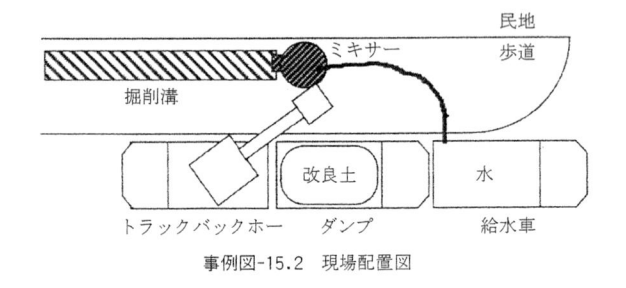

事例図-15.2　現場配置図

【使用材料】
泥　水：密度（1.53 t/m³），材料（改良土，水道水）
固化材：速硬型セメント系固化材

事例表-15.1　処理土の配合

泥水配合(kg/m³)			固化材(kg) (泥水1m³当り)	フロー値 (mm)	ブリーディング率(%)	一軸圧縮強さ (kg/cm²)	
改良土 (乾燥重量)	水	泥水比重 (t/m³)				4時間	28日
870	660	1.53	160	215	0	1.54	5.20

【適用土質】
　流動化処理土を製造するにあたり，使用した改良土*の土質試験結果を事例図-15.2にまとめる．
　（* 改良土：NTT工事より生じた建設発生土を土質改良し，埋戻し材料として使用できるよう強度，粒径を調整したもの．通常はそのまま転圧施工する．）

事例表-15.2　土質試験結果

土質分類	含水比(%)	粒度組成(%)			最大粒径(mm)
		礫分	砂分	細粒分	
砂質土	25.6	28.6	40.9	30.5	9.5

【施工後の状況，その他】
・施工後の状況
　①充填状況
　　狭隘な場所への打設にもかかわらず，管体周囲および他企業桝下部への確実な充填が確認された．
　②施工後の品質試験結果
　　事例表-15.3に示す．

事例表-15.3　品質試験結果

フロー値(mm)	ブリーディング率(%)	一軸圧縮強さ(kg/cm²)	
		4時間	28日
206	0	1.39	5.20

・その他
　流動化処理土の原料に改良土を用いることにより，下記のメリットを確認した．
　①原料土のストックが不要．
　②改良土の性状がほぼ一定であるため，個々の配合設計が不要．
　③泥水を運搬する必要がなく，運搬車両は一般ダンプで良い．
　④余剰泥水が発生しないので産廃処理が不要．

【参考文献】
1) 後藤　光，大島　睦　他：流動化処理土の配合設計における一考察，第51回土木学会年次学術講演会

第5章　適用事例

用　　途	農業用水パイプライン管体基礎工	目　　的	簡易小型プラントによる現場施工
工　事　名	六ッ美幹線水路高河原工事		
工事場所	愛知県西尾市		
事業主体	東海農政局	工　　期	H14.4～H15.3

【工事概要】

　都市近郊の開水路をパイプライン化する工事において，FRPM管の基礎工を流動化処理土で行った．施工は簡易小型プラントを現場に設置して，建設発生土を原料土として配合設計で求めた所要の泥状土を製造し，固化材を加えて混練して流動化処理土を製造した．原料土はこの工事内で発生した捨土処分が必要な建設残土を利用した（文献1)参照）．

【施工概要】

　大口径埋設管の基礎工部の埋戻し概要を事例図-16.1に示す．対象構造物の基礎部は，流動化処理土により埋戻された後に盛土で被覆される．

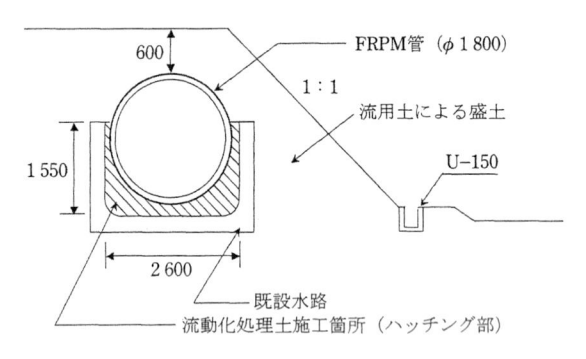

事例図-16.1　当該構造物の断面図

　簡易小型プラントの施工システムを事例図-16.2に示す．プラントの様子は，事例写真-16.1に示されている．

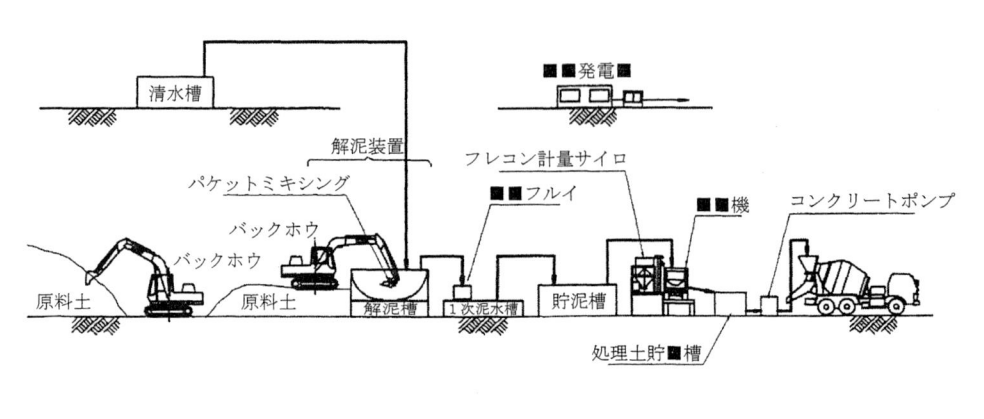

事例図-16.2　施工概要図

事 例 16

【使用材料】
泥状土：密度は 1.60 g/cm³，原料土は現場発生土
固化材：高炉セメント B 種

事例表-16.1　調泥式配合の例（混合比 1.0/砂質土 796 kg）

調整泥水(単位)配合(kg/m³)			泥状土密度 (g/cm³)	処理土密度 (g/cm³)	フロー値 (mm)	ブリーディング率(％)	一軸圧縮強さ(kN/m²)
粘性土	水	固化材					
401	395	190	1.2	1.6	160 以上	1％未満	500

【適用土質】

事例表-16.2　原料土の土質試験結果（別途，砂質土あり）

名称	土粒子比重	自然含水比(％)	粒度(％)			液性限界(％)	塑性限界(％)
			細粒土	砂	礫		
粘性土	2.53	82.9	82.0	16	2	82.2	51.9

【施工後の状況】

事例写真-16.1　施工システム概要　　　　事例写真-16.2　埋戻し完了

①施工性（充填性）
　埋設管の下回りの作業がなく，安全な施工が行われた．下部の充填性は密実で確実であった．打設数量は 204 m³，建設発生土を再利用したため捨土が 134 m³ 減量した．流動性をセルフレベリングにすることで大幅な省力化を図ることができた．

②品質管理
　現場で品質管理試験を実施した結果，簡易小型プラントにより製造された流動化処理土の品質は要求品質内に収まり，一軸圧縮強さは 600〜700 kN/m² の範囲に収まった．

③その他
　簡易小型プラントの組み立て作業は 1 日，解体作業も 1 日で完了した．

【参考文献】
1) 齊藤和美，白枝健：流動化処理工法による農業用水パイプラインの管体基礎工の施工，建設の機械化，2004 年 5 月

第5章　適用事例

用　　途	地下鉄駅舎部の埋戻し	目　的	地下鉄駅舎側部ならびにシールドインバート部の埋戻し
工　事　名	MM，高島 st 流動化処理土製運他工事		
工事場所	神奈川県横浜市		
事業主体	日本鉄道建設公団東京支社	工　期	H10.12〜H13.12

【工事概要】
　横浜みなとみらい地区の地下鉄建設工事における駅舎部の掘削土約 2.4 万 m^3 の原料土を，駅舎部（開削トンネル部）やシールドトンネルインバート部などの埋戻し材として有効利用するために，同地区内に設けたプラントで用途に適した流動化処理土を製造し，各工区にアジテータ車で運搬して打設した．

【施工概要】
　掘削土のストックヤードおよび流動化処理土製造プラントの位置関係を事例図-17.1 に示す．
　施工手順は，以下のとおり．
①バッチ式解泥プラントに，ストックされた粘土，水を投入し撹拌混合により解泥する．
②解泥した泥水をポンプで調整泥水槽に送り，所定の密度になるまで加水調整する．
③全自動バッチ式流動化処理プラントに製造した調整泥水と山砂，固化材を投入し，撹拌混合により流動化処理土を製造する．
④製造した流動化処理土は，アジテータ車で 12 工区まで運搬し，打設する．
　粘土分の多い掘削土を用いると加水量も多く，処理土が低密度となり，周辺地盤との差異も大きい．そこで，周辺地盤との乖離を小さくするために，山砂を加えて物性値を改善した．

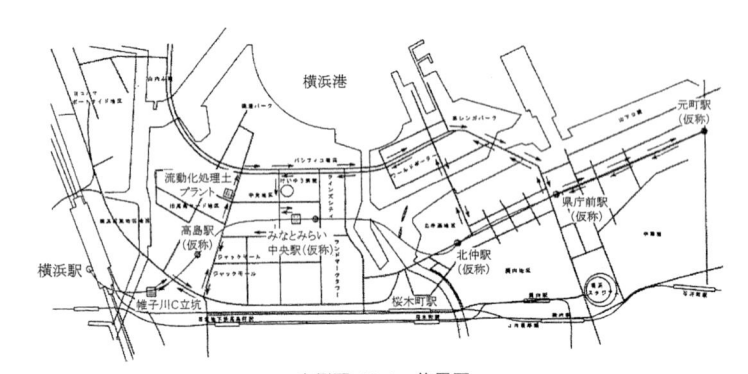

事例図-17.1　位置図

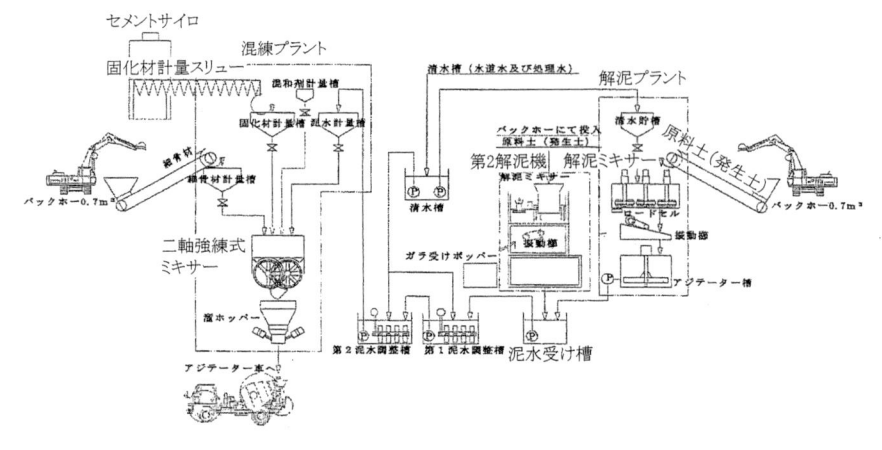

事例図-17.2　流動化処理土製造システム

事例 17

【使用材料】　主たる用途並びに配合を**事例表-17.1**以下に示す．
　　発生土：沖積粘土　　水：水道水　　固化材：セメント系固化材（A，C），高炉B（B）

事例表-17.1　適用箇所別の要求品質

Type	用途	強度	フロー値	ブリーディング率	原料土 (kg)	水 (kg)	山砂 (kg)	固化材 (kg)	遅延剤 (kg)
A	開削部	260～560 kN/m² (材齢28日)	160～300 mm (製造直後)	1％未満 (製造3時間後)	424	636	133	59	0
B	インバート部	6 000 kN/m² (材齢28日)			274	410	684	273	3
C	立坑部	200 kN/m²以上 (16時間後) / 5 000 kN/m²以下 (材齢28日)			198	481	678	206	0

【適用土質】　当該区域で掘削された流動化処理土の原料土を**事例表-17.2**に示す．

事例表-17.2　土質試験結果

自然含水比 (％)	土粒子の密度 (g/cm³)	粒度構成（％）				液性限界 (％)	塑性限界 (％)
		礫分	砂分	シルト分	粘土分		
104.2	2.69	0.0	7.1	27.9	65.0	121.5	59.6

【施工後の状況，その他】

・施工後の状況

①施工性

　シールドインバート用の高強度の流動化処理土を運搬サイクル約1時間で打設したが，夏場における流動性低下も想定範囲内であり，打設時に支障とはならなかった．ただし，製造プラントやアジテータ車は，付着した処理土の固結によるトラブルを回避するため，1日に数度の洗浄が必要であった．

②処理土の均質化

　長期間にわたる仮置きにより粘土の含水比低下に起因する品質の不安定化が懸念されたが，泥水の密度および粘性を管理した．また，添加する山砂の含水比の変動に対して，泥水濃度を適宜変更することが必要となるから，泥水の密度は，圧力計を利用した密度測定器を用いて，目標値±0.01 g/cm³となるように調整した．7種類の配合の処理土における強度の変動係数は，ほぼ10％～15％であった．

・その他

　安定供給のために，解泥機ならびに固化材サイロを2基設け，用途別の各配合に対応した．また，各工区との綿密な打合せを実施したことで，ほぼ予定どおりの埋戻しをすることができた．

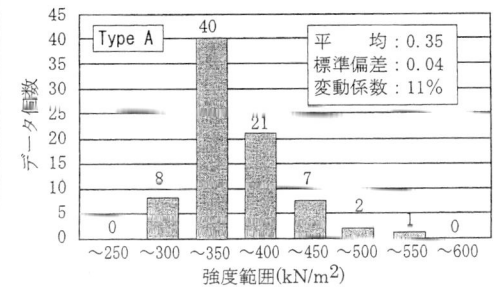

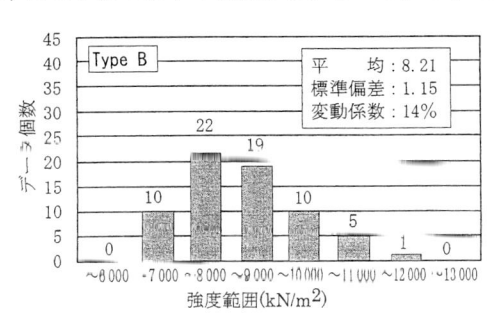

事例図-17.3　固化材サイロ

第5章　適用事例

用　　途	拡幅盛土	目　　的	土構造物の構築
工事名	一般国道改良工事		
工事場所	愛知県豊田市		
事業主体		工　　期	H16.9～H16.10

【工事概要】
　一般国道と主要地方道（4車線）が立体交差するランプ部の改良工事で，築堤構造の既設盛土を鉛直盛土により拡幅し，ランプ部道路の線形緩和およびランプ下部に並行する市道の拡幅を目的として工事が行われた．当初設計は現場発生土を利用した補強土壁工法が計画されていた．流動化処理土による拡幅盛土の高さは最大4.8 m（盛土全体は最大5.65 m）であった．

【施工概要】
・盛土量：1 200 m^3
・土構造断面：事例図-18.1参照

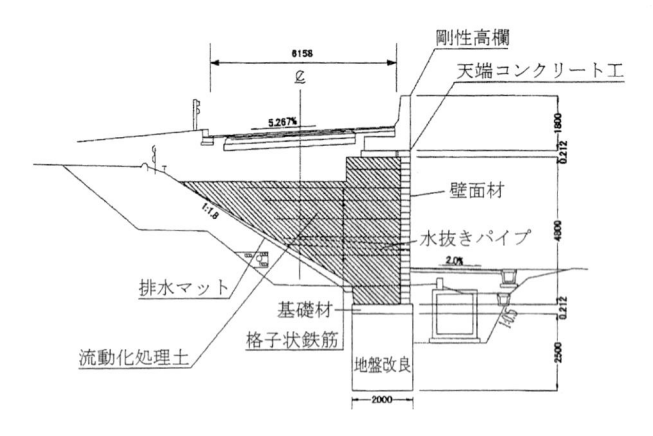

事例図-18.1　拡幅盛土の断面図

　盛土構造は盛土自体の安定『内的安定』と周辺地盤に対する構造体としての安定『外的安定』を考慮するが，流動化処理土を材料とする盛土の場合以下の問題点を新たに検討し対策を行った．

a．流動化処理土の耐久性
　処理土の密度を1.5 g/cm^{3}以上を確保する．上端部を50 cm以上覆土する．
　水密性の高い壁面材として二次製品の特殊ブロックを使用し乾燥を極力防止する構造とする．不可抗力により部分的に盛土に亀裂などが発生し処理土が破壊した場合でも盛土全体の安定が保たれるように，垂直方向に1 m間隔で□100 mm×100 mm φ6 mmの格子状鉄筋を盛土内部に設置する．

b．施工後の地下水圧などによる偏圧に対する安定
　既設盛土との境界部分に排水マットを，暗渠排水を既設盛土の法尻に設置した．さらに5 m間隔で暗渠排水から壁前面まで水抜きパイプを設置し確実に排水できる構造とした．

c．支持地盤の改良
　すべり対策として幅2.0 m深さ2.5 mの柱状改良を施工した．

事例 18

【使用材料】

原料土は愛知県内で発生した建設発生土を用いた．流動化処理土の設計一軸圧縮強さは鉛直盛土として必要な強度 $0.17\,\text{N/mm}^2$ を3倍し $0.5\,\text{N/mm}^2$ と設定した．基本配合と品質目標値を**事例表-18.1**に示す．

固化材は高炉セメントを使用し，調整泥水はコンクリート骨材製造プラントから発生する粘土泥水を使用した．主材はプラント周辺の公共工事から発生した建設発生土（砂質土）を使用した．

事例表-18.1 基本配合と品質目標値

泥水密度 (t/m³)	泥水混合比 P	単位配合(kg/m³) 固化材	泥水	山砂	目標値 密度 (t/m³)	フロー (mm)	一軸圧縮強さ (N/m²)	ブリーディング率 (％)
1.297	1.1	130	796	587	1.547	230	0.6	$1\leqq$

※山砂含水比 5.8％，土粒子の密度 2.68 g/cm³

【施工後の状況】

①流動化処理土の製造

当該工事に使用した流動化処理土は現場から7kmはなれた愛知県瀬戸市にある常設プラントで製造しアジテータ車により運搬を行った．

②運搬

運搬はアジテータ車を使用し，4.5 m³/台の積載量とした．

③打設

運搬した流動化処理土は，現場の条件に応じてシュートによる直接打設とポンプ打設を行った．流動化処理土の打設リフトは1mとし，壁面材ブロック（横45 cm，奥行30 cm，高さ20 cm）を1m（5段）積み上げ止水処理を行った．一回の打設高さは補強材敷設高さで打ち止め，処理土固化後に補強材を設置する工程を所定の高さまで繰り返した．

事例写真-18.1 流動化処理土の運搬打設

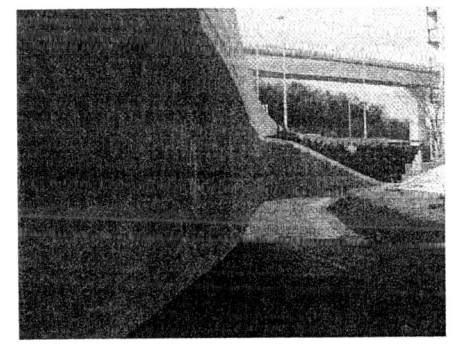

事例写真-18.2 拡幅盛土の完成壁面

【参考文献】

1) 久野悟郎・三ツ井達也・和泉彰彦・山山雅登．流動化処理土による拡幅盛土工法（その1―流動化処理土の適用性），第40回地盤工学研究発表会，平成17年7月
2) 久野悟郎・岩淵常太郎・三ツ井達也・滝野充啓・和泉彰彦：流動化処理土による拡幅盛土工法（その2―施工事例），第40回地盤工学研究発表会，平成17年7月

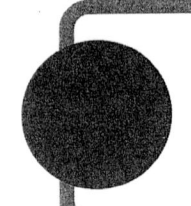

参考文献

1) 久野悟郎，三木博史，森範行，吉池正弘，神保千加子，保立尚人：共同溝に埋戻された流動化処理土のボーリング調査，第51回土木学会年次学術講演会，平成8年9月
2) 久野悟郎，三木博史，持丸章治，岩淵常太郎，竹田喜平衛，加々見節男，大山正：発生土の利用率を高めた流動化処理土の充填性に関する実物大実験，第29回土質工学会研究発表会，平成6年6月
3) 久野悟郎，三木博史，森範行，岩淵常太郎，三ツ井達也，市原道三：流動化処理土による坑道埋戻し充填に関する実物大打設実験，第30回土質工学会研究発表会，平成7年7月
4) 久野悟郎，三木博史，森範行，吉池正弘，隅田耕二，高橋秀夫：流動化処理土のポンプ圧送性試験，第51回土木学会年次学術講演会，平成8年9月
5) 久野悟郎，三木博史，森範行，岩淵常太郎，小池賢司，寺田有作：流動化処理工法による路面下空洞充填試験施工の概要報告，第50回土木学会年次学術講演会，平成7年9月
6) 久野悟郎，佐久間常昌，神保千加子，岩淵常太郎，高橋信子：流動化処理土の透水試験，土木学会第50回年次学術講演会，平成7年9月
7) 久野悟郎，三木博史，森範行，吉池正弘，神保千加子，岩淵常太郎：共同溝に埋戻された流動化処理土の透水性，第31回地盤工学研究発表会，平成8年7月
8) 久野悟郎，三木博史，竹田喜平衛，沢村一朗：発生土の利用率を高めた流動化処理土の諸性状，第49回土木学会学術講演会，平成6年9月
9) 久野悟郎，平田健正，神保千加子，岩淵常太郎，阿部進：流動化処理土による坑道埋戻しに帰因する周辺環境への影響に関する一考察（その1），第30回地盤工学研究発表会，平成7年7月
10) 塚本克良，安部浩，勝田力，神田慶昭：流動化処理土のpHと陽極電位への影響試験，第30回地盤工学研究発表会，平成7年7月
11) 久野悟郎，持丸章治，竹田喜平衛，加々見節男：発生土の利用率を高めた流動化処理土の浮力に関する実物大実験，第49国土木学会学術講演会，平成6年9月
12) 久野悟郎，岩淵常太郎，市原道三，神保千加子，本橋康志：流動化処理土の温度上昇に関する一考察（その1），第30回土質工学会研究発表会，平成7年7月
13) 久野悟郎，岩淵常太郎，市原道三，神保千加子，本橋康志：流動化処理土の熱的特性，第50回土木学会年次学術講演会，平成7年9月
14) Kuno Goro, Miki Hiroshi, Mori Noriyuki, Iwabuchi Jotaro : Study on a back filling method with Liquefied Stabilized Soil as to recyclng Excavated Soils, 20th world road congress, PIARC, 1995.9
15) 久野悟郎，三木博史，森範行，岩淵常太郎：流動化処理土の利用技術の開発，土木技術，Vol.49-8，平成6年8月
16) 三木博史，森範行：土の流動化処理工法の各種用途への利用技術，土木技術資料，Vol.37-9，平成7年9月
17) 三木博史，森範行，久野悟郎：流動化処理土による路面下空洞の充填，第21回日本道路会議一般論文集(b)，平成7年10月
18) Kuno Goro, Miki Hiroshi, Mori Noriyuki, Iwabuchi Jotaro:Application of the liquefied stabilized soil method as a soil recycling system, proceedings of the second international congess on environmental geotechnics volume 2, 1996.11
19) 久野悟郎・流動化処理工法研究機構 著：土の流動化処理工法（第2版）～建設発生土・泥土の再生利用技術～，技報堂出版，2007

付属資料

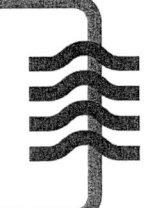

配合試験用データシート

一軸圧縮試験用データシート

付属資料

流動化処理土試験

調査件名：＿＿＿＿＿＿＿＿＿＿＿＿＿＿＿＿＿　　試験年月日：＿＿．＿．＿（　）
　　　　　　　　　　　　　　　　　　　　　　　試　験　者：＿＿＿＿＿＿＿＿＿＿＿

<table>
<tr><td rowspan="8">流動化処理土</td><td colspan="2">目標泥水比重 γ_f / γ_w</td><td colspan="2">配　合</td><td colspan="3">P ロート(s)</td></tr>
<tr><td colspan="2"></td><td>粘　土</td><td>水</td><td>1</td><td>2</td><td>平　均</td></tr>
<tr><td colspan="2"></td><td>g</td><td>g</td><td></td><td></td><td></td></tr>
<tr><td rowspan="3">混合比 P</td><td colspan="2">配　合</td><td colspan="2">固　化　材</td><td colspan="2">粘度(c_p)
＜泥水＞</td></tr>
<tr><td>発生土</td><td>泥水</td><td>添加量</td><td>種類</td><td colspan="2"></td></tr>
<tr><td>g</td><td>g</td><td>($C=$　)
g</td><td></td><td colspan="2"></td></tr>
<tr><td colspan="3">単位体積重量＜泥水＞ γ_f</td><td colspan="3">単位体積重量＜流動化処理土＞ γ_m</td><td>粘度(c_p)
＜処理土＞</td></tr>
<tr><td>質　量</td><td colspan="2">測定単重</td><td>質　量</td><td>測定単重</td><td>目標単重</td><td></td></tr>
<tr><td>流動化処理土</td><td>g</td><td colspan="2">g/cm³</td><td>g</td><td>g/cm³</td><td>g/cm³</td><td></td></tr>
</table>

<table>
<tr><td rowspan="5">フロー試験 (mm)</td><td colspan="2">JHS (8×8)</td><td colspan="4">JIS フローコーン</td></tr>
<tr><td>長径</td><td>短径</td><td colspan="2">長径</td><td colspan="2">短径</td></tr>
<tr><td colspan="2">平均（引抜き直後）</td><td colspan="2">平均（引抜き直後）</td><td colspan="2">平均（15回落下後）</td></tr>
<tr><td colspan="6"></td></tr>
<tr><td colspan="6"></td></tr>
</table>

<table>
<tr><td rowspan="6">ブリーディング試験　時　分</td><td colspan="2">直　後</td><td colspan="2">3 時間経過</td><td colspan="2">20 時間経過</td></tr>
<tr><td>グラウト体積
(V cc)</td><td>ブリーディング水
(B cc)</td><td>グラウト体積
(V' cc)</td><td>ブリーディング水
(B' cc)</td><td>グラウト質量
(mg)</td><td>湿潤密度
(m/V'-g/cm³)</td></tr>
<tr><td colspan="6"></td></tr>
<tr><td colspan="2">ブリーディング率(%)</td><td colspan="2" rowspan="2">膨　張　率
(%)
$\{(V'+B')-V\}/V \times 100$</td><td colspan="2">含　水　比 (%)</td></tr>
<tr><td>3 時間経過
$B/V \times 100$</td><td>20 時間経過
$B'/V \times 100$</td><td>上　部</td><td>下　部</td></tr>
<tr><td colspan="2"></td><td colspan="2"></td><td colspan="2">m_w/m_s</td></tr>
</table>

<table>
<tr><td rowspan="3">含水比 (%)</td><td colspan="2">泥　水 W_{Af}</td><td colspan="2">混合直後 W_m</td><td rowspan="2">粘性土</td><td rowspan="2">発生土</td></tr>
<tr><td>目標含水比</td><td>測定含水比</td><td>目標含水比</td><td>測定含水比</td></tr>
<tr><td></td><td></td><td></td><td></td><td></td><td></td></tr>
</table>

<table>
<tr><td rowspan="9">一軸圧縮試験</td><td colspan="6">材　齢　7 日（試験日：　／　）</td></tr>
<tr><td></td><td>1</td><td>2</td><td>3</td><td>4</td><td>平　均</td></tr>
<tr><td>一軸圧縮強さ (kgf/cm²)</td><td></td><td></td><td></td><td></td><td></td></tr>
<tr><td>湿潤密度 (g/cm³)</td><td></td><td></td><td></td><td></td><td></td></tr>
<tr><td>含　水　比 (%)</td><td></td><td></td><td></td><td></td><td></td></tr>
<tr><td colspan="6">材　齢　28 日（試験日：　／　）</td></tr>
<tr><td></td><td>1</td><td>2</td><td>3</td><td>4</td><td>平　均</td></tr>
<tr><td>一軸圧縮強さ (kgf/cm²)</td><td></td><td></td><td></td><td></td><td></td></tr>
<tr><td>湿潤密度 (g/cm³)</td><td></td><td></td><td></td><td></td><td></td></tr>
<tr><td>含　水　比 (%)</td><td></td><td></td><td></td><td></td><td></td></tr>
</table>

付属資料

| 流動化処理工法 | 土の一軸圧縮試験 | 記 録 用 紙 |

調査名・調査地点 ＿＿＿＿＿＿＿＿＿＿＿＿＿＿＿＿＿　　試験年月日 ＿＿＿＿＿　年　月　日
試料番号・深さ：No. ＿＿＿＿＿（　　m ～　　m）　　試　験　者 ＿＿＿＿＿
力計番号　No. ＿＿＿＿　ひょう量 ＿＿＿＿ kgf　　圧縮速さ ＿＿＿＿ %/min

供試体番号 No.	試料の状態：乱さない，繰返した	供試体番号 No.	試料の状態：乱さない，繰返した
力計較正係数 K ＿ kgf/目盛，	$k=\dfrac{K}{A_o}$ ＿ kgf/cm²/目盛	力計較正係数 K ＿ kgf/目盛，	$k=\dfrac{K}{A_o}$ ＿ kgf/cm²/目盛

供試体	直　径 cm			供試体	直　径 cm		
	平均直径 cm		断面積 A_o cm²		平均直径 cm		断面積 A_o cm²
	高　さ L_o cm		体　積 V cm³		高　さ L_o cm		体　積 V cm³
	質　量 m g		湿潤密度 ρ_t g/cm³		質　量 m g		湿潤密度 ρ_t g/cm³

含水比測定	容器 No.		破壊状況のスケッチ	含水比測定	容器 No.		破壊状況のスケッチ
	m_a g				m_a g		
	m_b g				m_b g		
	m_c g				m_c g		
	m_d g				m_d g		
	ω %				ω %		
平均含水比 $\omega=$ %				平均含水比 $\omega=$ %			

圧縮量 ΔL $\frac{1}{100}$ mm	圧縮ひずみ ε %	力計の読み R	$p=R\cdot k$ kgf/cm²	断面補正 $1-\dfrac{\varepsilon}{100}$	圧縮応力 $\sigma=p\left(1-\dfrac{\varepsilon}{100}\right)$ kgf/cm²	圧縮量 ΔL $\frac{1}{100}$ mm	圧縮ひずみ ε %	力計の読み R	$p=R\cdot k$ kgf/cm²	断面補正 $1-\dfrac{\varepsilon}{100}$	圧縮応力 $\sigma=p\left(1-\dfrac{\varepsilon}{100}\right)$ kgf/cm²
5						5					
10						10					
15						15					
20						20					
25						25					
30						30					
35						35					
40						40					
45						45					
50						50					
60						60					
70						70					
80						80					
90						90					
100						100					
110						110					
120						120					
130						130					
140						140					
150						150					
160						160					
170						170					
180						180					
190						190					
200						200					
210						210					
220						220					
230						230					
240						240					
250						250					
260						260					
270						270					
280						280					
290						290					
300						300					

流動化処理土利用技術マニュアル（平成19年／第2版）　定価はカバーに表示してあります。

2008年2月1日　1版1刷発行　　　　　　　　　　　ISBN 978-4-7655-1727-0 C3051

編　　者	独立行政法人　土木研究所 株式会社　流動化処理工法総合監理
発　行　者	長　　滋　彦
発　行　所	技報堂出版株式会社
〒101-0051	東京都千代田区神田神保町1-2-5 （和栗ハトヤビル）
電　　話	営　業（03）（5217）0885 編　集（03）（5217）0881 ＦＡＸ（03）（5217）0886
振替口座	00140-4-10

日本書籍出版協会会員
自然科学書協会会員
工学書協会会員
土木・建築書協会会員

http://gihodobooks.jp/

Printed in Japan

© Public Works Research Institute & LSS General Management Co. Ltd., 2008

組版・印刷・製本　技報堂

落丁・乱丁はお取替えいたします。
本書の無断複写は，著作権法上での例外を除き，禁じられています。